書系緣起

早在二千多年前，中國的道家大師莊子已看穿知識的奧祕。莊子在《齊物論》中道出態度的大道理：莫若以明。

莫若以明是對知識的態度，而小小的態度往往成就天淵之別的結果。

「樞始得其環中，以應無窮。是亦一無窮，非亦一無窮也。故曰：莫若以明。」

是誰或是什麼誤導我們中國人的教育傳統成為閉塞一族。答案已不重要，現在，大家只需著眼未來。

共勉之。

THE INFINITE LEADER

Balancing the Demands of Modern Business Leadership

一流管理者的圓心領導學

從領導特質的平衡點出發
迅速解決問題、建立靈活策略、極大化團隊戰力

Chris Lewis、Pippa Malmgren

克里斯．路易斯、琵琶．瑪格倫——著

吳書榆——譯

目錄

推薦序／13

前言／17

第1章　盡頭／31

我們在生活中每一個面向都看到領導的失敗，失敗的領導造成了長遠的傷害，進一步損害了人們對領導的信心。所有領導失敗中的共同因素，是以不道德行為具體表現出來的嚴重失衡，形式包括貪婪、短視近利與魯莽的過度自信。接下來，我們要把眼光放遠，檢視與探討無限挑戰的概念：在正向與負向的標準中都維持在零值，保持平衡。

摘要／71

第2章　圓與零／73

幾世紀以來，平衡的觀念與追求平衡都是人類思維的核心，而和平衡有關的符號通常是圓形，圓形一直用來代表一體、無限、安歇、對稱、純粹和適度。顯然，我們一直以來都知道平衡很重要，人類的歷史就是在追求平衡。接下來，我們要檢視在領導時以追求更高的效率為重，以及我們所使用的分析、科學、化約等領導技巧。

摘要／89

第3章　現有的領導模型／91

要讓領導更高效又更平衡是一大挑戰，遺憾的是，目前的作法全都把重點放在提出一套科學性、西方化約論者的模型來分析問題，卻不去處理整體的挑戰。各項研究的重點，一向都放在以明顯可見的成果作為衡量標準，設法提高領導的

不僅是兩個坐標軸間的平衡，而是要考慮許多不同的軸，這是一個要放在多個軌道上的球，領導者要讓球從各方面來說都同時位於中間的位置。留在圓心的最大好處，是要走到任何極端點，這裡都是最近的距離，可以快速部署。

摘要／182

第6章　零經濟學／183

平衡代表不要只往其中一邊靠，我們需要更善於把自己放在情勢中的任何位置，並善用我們在那裡找到的資源。平衡模型只會要求不同的商業模型之間、企業領導者之間，以及在經濟體中創造價值的各種不同取向之間要達成更平衡的狀態，也會探問以長期為動機的企業領導是否有助於抑制各種過度、失衡與自尊自大的行為。

摘要／232

第7章　零自我，零性別／235

多數領導者都身在自己小宇宙的中心，也會堅持要成為他人宇宙的中心。營造出中心不是問題，但你不需要成為中心，應該位居中心的，是文化。如果你必須身處中心，你得用太陽系的思維來思考：太陽拉住所有的星球，提供溫暖與日常的韻律，以利成功運作。我們要找的不僅是能達成平衡的領導者，好的領導者更要把自己的需求放到後面，先考量如何平衡團隊和社群。

摘要／256

第8章　零教育／259

教育系統助長了領導的問題，原因在於教育系統強調個人成就與評分，和學生畢業之後會遭遇的多數合作型職場環境相衝突。這套系統鼓動了自我中心，把智性上的能力與職場上的能力畫上等號。學生畢業之後，雇用他們的雇主常常會說他們缺乏職場上必備的基本技能，其中一項重點即是和年齡與文化上的多元群體共處合作的經驗。

摘要／285

第9章 這種思維會把我們帶往何處／287

我們到處都可以看到，人們沒有能力體認到這個世界比過去更好、更富有、更快樂、更健康與更安全。如果在遭遇領導問題的條件下，我們都還可以做到這樣，那，未來我們還有多麼不可限量的潛力？要來到我們和領導者都能達成平衡的神奇之地，我們必須理解平衡的價值與特質、任何事都有可能的概念以及無限的未來正等著我們。

摘要／305

結論／307

致謝／309

註解／330

推薦序

茵內絲・羅賓森－歐東（Inez Robinson-Odom，
美國聖地牙哥和平聖母學院助理校長）

十幾歲時我在麻州的劍橋林吉與拉丁學校（Cambridge Rindge and Latin School）念書，有一次參加因應種族緊張的作文比賽，得了獎。那是一段很艱辛的時光，我的社群剛剛撐過一場因為種族而起的刺殺行動，本地的神職人員一直守在走廊上。我看到我的教區牧師莫瑞・肯尼（Murray Kenney）走過走廊和我待在一起，我一輩子都記得自己感受到的驕傲。我記得我在作文裡寫到種族緊張像是鐘擺一樣：物理法則的運作需要一段時間處於另一個極端的失衡，這是必要的對照。我相信，我們終會達到「以社會為中心」的狀態，社會最後終會趨於穩定。然而，從後續的種族、性別、包容與平等各方面的動盪來看，確實證明了我們還沒有找到這個中心。這個全球社群需要用新的藥方治療，《一流管理者的圓心領導學》就是這帖藥方，克里斯・路易斯和琵琶・瑪格倫為我們提供新的策略，讓鐘擺恢復平衡。

我這一生都在追求平衡。身為專業女性，我必須能清楚流利使用職場語言，也要善於家庭管理。身為教育人員，尤其能體察必須平衡學生身上承受的壓力，但也要讓他們可以成為最好的自己。我特別能理解來自兩方的要求。

對教育人員來說，這是一本非常寶貴的書，讓我理解教育要如何替學生做更好的準備，讓他們在職場上能成功。傳統的成功與成就概念完全被推翻了。《一流管理者的圓心領導學》要求，現代領導者要具體地去考量態度與合作精神，一如看重量化分析與數據。這整本書裡提出各種探問，讀者可以在自己的領導場域裡找到相關性。維克多．弗蘭克（Viktor Frankl）的《活出意義來》（*Man's Search for Meaning*）要讀者深切自省，同樣的，本書也要讀者來一趟內心之旅，這是一種新的現代領導取向。

我們身邊處處都在失衡，而且愈來愈嚴重。以全球的實體環境來說，我們看到氣溫升高、社會動盪與疫情肆虐。顯然，在政治上，人們很難進行合理的對話交流，分貝最高、最極端的聲音主導了局面，不管在處理資本本身、資本管理還是資本配置，都可以看到這種現象。世界失衡，可能是我們這個時代最嚴重的問題。

克里斯．路易斯和琵琶．瑪格倫在《一流管理者的圓心領導學》裡提出一套廣泛的領導論述，涵蓋經濟、性別、哲學和教育，目的就是要讓各行各業的人都能容易閱讀，因為書中要傳達的是放諸四海皆準的訊息。本書針對到目前為止的各式領導模式做了分析，並提出新的領導取向與原則。書中混合了對於宗教信念、網路教派（cybermancy）、零經濟（zeronomics）、現代政治與性別等主題的見解，粉碎了我們從傳統商業大部頭書裡習得的概念。本書妙筆生花且可親易讀，邀請讀者做一次真正的自省，以成為現代領導者。書中提到很多偉大的思想家，並列出許多引人入勝的思想體系，此書本身就是一座重視「思考品質」的寶庫。

前言

未來幾年，當人們回顧二〇二〇年，應該會說這是改變一切的一年。人們對於這一年的記憶，無疑會多於其他時候；在這一年，人們活生生地體驗到每一件事都變得很嚴重、很誇張。如果說，有哪個時間可以看見並評估領導，就是這時候了。不管從個人面或群體面來說，這段時期都在重複且持續地測試領導，比任何商管理碩士或訓練課程更好。

領導者的表現又讓我們失望了。當我們正準備出版此書時，世界上有很多地方都以封城來因應新冠疫情，用任何正常的標準來說，全球的經濟都停擺不動了，病毒揭露了全球經濟早已負債累累、以高度槓桿操作而且脆弱無比的事實。在此同時，我們也清楚看到領導者再一次措手不及、錯判情勢，公眾對他們的一丁點信任，又再一次遭到破壞。

最嚴重的悲劇是，我們經歷了這多災多難的一年，卻什麼也沒學到，也因此在這個應該成為新紀元的時代裡，本書提出了問題。

你對領導者有什麼感覺？他們能代表你的觀點嗎？他們能為你爭取利益嗎？他們看起來、聽起來跟你很像嗎？他們理解你嗎？他們和你有類似的經驗嗎？他們重視長期嗎？還是，他們受制於短期的數字？他們會照顧你的世界嗎？你的孩子們會感謝他們的遠見嗎？我們的領導人能想像到無窮盡的可能性、並賦予所有的可能性生命，還是說，他們做事的時候心裡只能想到有限的選項？

你會拿起這本書，是因為你想得到一些答案，你要得到正確的答案，你想要確定：我應該跟著誰？我應該聽誰的？誰是聰明人？我應該選擇哪些領導者？我要怎樣才能從我的領導者身上獲得更多？我要如何才能成為更好的領導者？我們選擇的領導者為何出了這麼多的問題？

這本書以獲獎的《領導實驗室》（*The Leadership Lab*）一書的成績為基礎，繼續發展。本書的兩位作者，一位是住在美國的英國人，一位是住在倫敦的美國人，為全世界的領導者提供建議，這一男一女都帶來了全球性的觀點。本書做了幾百次的訪談並諮詢來自全球的客戶，涵蓋多個不同的產業與職業，才集結成相關的研究。這是最切合時宜的現代分析。

當我們在寫作本書以及與客戶討論時，有一個大家都會問的問題讓我們很訝異，那就是：「我們應該跟著誰？」我們開玩笑說這彷彿是電影《萬世魔星》（*The Life of Brian*）裡的場景重現：電影裡，一群人在尋找上帝的信號，有一個角色舉起了一隻拖鞋，大家便喊著：「這就是信號！跟著他！」換言之，我們都在找看看有沒有一個簡單的信號，可以幫助我們選出領導者。這點出了一件事：我們真心認為挑選領導者這件事有一個簡單、正確、通用的答案。但實際上卻更簡單：要成為更好的領導人並更理解領導，靠的是每一個人自己去做。

我們的答案是，跟隨展現出範疇無窮盡、全方位領導的最平衡領導者。沒錯，我們都想獲利，但希望是帶著理解與慈悲。我們不只希望領導者「有禪意」，也要充滿能量、動力、傲氣、邏輯與情感。這也就是我們說的平衡領導力。當我們用平衡的標準來衡量他們時，我們不希望他們是 +1 或 −1，我們不要他們是 −9 或 +4，我們希望他們有能力應付所有數字，但以零為基礎。後面會再深談這部分。

談領導的書多如牛毛，但很多都沒搔到癢處。會有這種事，是因為寫書的人並非領導者，他們只是很樂於分享自己的想法。當然，這不是說他們的意見不重要，而是指理解領導不只是去感覺和體驗而已，深奧得多。這也不是說你要成為技術面的專家才能領導，我們在這裡講的領導是要帶領人。不同的情境下有不同的領導取向與風格，但也有共通性，比方說，要有追隨才會有領導，領導者無法獨自存在。

市面上由男性作者論述的領導學相關書籍多到誇張，這表示，有一半的人沒有被納入或沒有人替他們發聲。很多書的作者是西方人，他們以財務表現或表決投票來替領導者打分數，並未著眼於領導者重構問題或團結追隨者的能力。還有一些領導書籍以單一文化、甚至是單一領導者為基準，通常重點都放在西方企業或軍事文化上。

永遠都要記住，我們才是挑選領導者的人。還沒有進入組織之前，有多少人先研究他們的領導團隊以及其背景、經歷、多元性，甚至是他們的財務績效？我們可以用腳投票、以行動展現選擇，我們也確實會這麼做，此時我們也就展現了領導，我們也成為領導的一部分。認為社會上擁有總統、首相或執行長等職銜的人才是領導者，是錯誤的想法。環顧四周，我們經常可以感受到更多傳統定義之外的領導。比方說，我們會看到某個單親家庭裡的財務紀律、規劃和動機，至少和企業一樣好，而且很可能有過之而無不及。在條件更艱辛、資源遠少於政府或私人企業的情境中，我們經常會看到有人展現了領導。我們每個人都是領導層級的一分子，這個概念也是解決領導問題的一環。我們個人的選擇與行為可以形塑未來，我們有力量成為更好的領導者，也可以選出更好的領導者。

我們都知道，領導是感性的。我們可能愛也可能恨我們的領導者，並要他們負起責任，但首先，我們必須先控制自己並要自己負起責任，就像詩人威廉·亨利（William Henley）在〈打不倒的勇者〉（Invictus）這首詩裡講的：[1]

夜幕低垂籠罩了我
兩端之間，漆黑如深淵
我感謝所有神明
賦予我打不倒的心靈。

即使落入險惡環境，
我不退縮亦不放聲哭喊
即便時機不利
我可流血，但不低頭。

除了此時此刻的悲苦之外
還有恐怖的陰影逐步逼近
歲月亦不饒人
但我終究無所畏懼。

不管前路如何狹隘
無論罪罰無窮無盡
我仍是我命運的主人
我仍是我靈魂的統帥。

我們不見得能改變領導者或環境，但永遠都可以改變我們的應對方式。

有時候，很難用文字語言適切描述我們對領導的觀感。我們會覺得領導者很惹人厭，社會上、甚至全世界每一個部分的領導，都讓人失望，而且是二〇二〇年的疫情還沒爆發之前就這樣了。很多領導者都有缺失，這一點沒什麼好說的，但實際上的問題還不只這樣。領導上的大災難四處可見，全世界幾乎每一種類型的組織裡都可以見到，這告訴我們如今的問題是系統性的。

政治圈裡尤其如此。政界領袖的派別與意見嚴重分歧對立，到了幾乎不可能化解的地步。但是，我們應該對民主制度有信心：如果我們看錯了領導人，下次總是有換人的選擇。

譏諷嘲弄領導失敗很容易，因為很多原因顯而易見。領導者通常看來很自滿、高不可攀或是被意外殺的措手不及，他們從個人面來說並無法達成平衡，在權衡應該要達成的各種公益時，同樣也無法達成平衡。領導太著重在短期，戰術性成分太高，太過量化、狹隘且自利；更糟的是，領導者還蠻確定自己是對的。唯有平庸，才能這麼篤定。如果領導者相信自己已經做到最好、沒有改進空間了，那就不是領導。

面對領導失敗，人們的回應是一連串的反動，選民、投資人、員工、運動人士、學生、甚至小學生也紛紛出來抗議。這是一種重新平衡領導的方法，當中涉及了行為的變化，以及我們對於領導者的看法與選擇領導者的準則。但領導失敗的問題並不像很多人所想的，是因為領導很拙劣所致，通常是根本連領導都談不上。很多時候，我們並沒有把領導當成一項已經造成威脅的議題來討論。部分原因是，領導階層對於要把失敗歸咎於誰自有一套說法，通常焦點放在環境因素上，比方說經濟衰退或無法預見的情境條件，但多半都不會有人談到領導作為應扮演的角色。

我們常誤把領導和管理混為一談；兩者有關，但並不相同。

我們會投注大量的時間與金錢培訓管理階層。管理的重點在於把事情做對，這和做對的事情不同，後者我們稱之為領導。領導還有道德面向，但是常被刻意忽略。召聘人才時我們並不會去檢視對方的信念體系或道德，通常只會假設他們和我們相符，或者，我們會假設很自信等於有能力，但我們之後會談到，事實並非如此。

組織裡的現任主管都算聰明；確實，他們當中很多人在學校、大學和專業研究機構裡接受了幾十年的教育。但領導人接受的教育很狹隘，著重的是特定的思維，總是靠著分析解決問題，換言之，就是分解問題、大事化小。這導引出一套「深入鑽研」的哲理，什麼事都往裡面套。如果你只有槌子，每個問題都變成釘子。這會在整體作為上造成嚴重的負面效果。根據理性架構建立起來的組織，會忽然發現自己根本沒有適應的彈性，因為他們在架構設計上是以各自獨立、各行其事的邏輯來設置部門。這種方法會損害組織和品牌，利害關係人與環境也會受害。

為何近來領導又變得更加重要？這就要來看諾丁漢大學（University of Nottingham）的馬雷克・柯辛斯基（Marek Korczynski）教授所講的「服務型工作」（service work）。[2]如今所有先進經濟體都以服務業為主，英國的零售業雇用超過十%的勞動人口，在診所工作的人多過車廠員工，在洗衣店工作的人也多過鋼鐵廠。

先進經濟體放棄製造業與農業、轉向服務業的趨勢是現在進行式。[3]一九七四到一九九四年間，美國服務業的雇用人口占比從九%增為七十三%，澳洲從十三%增為七十一%，日本從五十%增為六十%。[4]進入服務業的人愈來愈多，而且當中很多人從事的還是直接面對客戶的職務，這也導致人際技巧與團隊領導更加重要，而不只光看重簡單的產業技能。知識型的職缺愈多，代表有專業知識的勞工愈多，組織出的團隊也因此更加老練、技術成分更高且更昂貴，領導因此更加重要，關乎人力投資的效率與運用。

成為知識型員工，這件事本身就很失衡，這類工作通常都是需要久坐、智力要求高且非常高壓的職務。

本書著眼於平衡的理由也就在這裡。達成平衡是永遠的挑戰，追根究柢來說，這指的是我們每一個人如何做好準備以承擔責任。積極主動避免走極端的領導，跟要求達成超高成效的標準幾乎是一樣的東西，兩者都是失敗的訊號。但，如果領導者永遠都受困於自己的限制，他們如何能培養出自己的技能與團隊的能力？超越極限對於提高效率來說很重要，但只有當你具備很明確的平衡感時才能做到，這是因為**在不同的極端之間追求平衡的領導，可以善用所有可能的萬一，而不是過度仰賴其中之一**。

顯而易見，敏捷必須建立在平衡之上。不管要到達哪個極端，從中心點出發永遠都是最短、最快的距離。我們也要理解，我們面對的不只是一組極端。現實中有很多連續面，每一種相交之後就會得出平衡點。

舉例來說，這表示要具備各種技能，以平衡長期和短期、平衡質化與量化、平衡陽剛與溫婉（不只是平衡男性與女性）、平衡戰術與策略、平衡個人與團隊、平衡局部與全面、平衡創新與現狀、平衡理性與感性、平衡實體與精神。

我們研究坐標軸相交的笛卡兒坐標系，得出「零」取向（'zero' approach）的概念。坐標軸由兩個代表了極端的連續體構成。通常，坐標圖的原點設為零點，但我們可以重新解讀零值，視為平衡點、或說是支點。零點也是一種象徵性的門戶，我們可以從這裡開始扭轉今天的現實，變成未來潛力無窮的可能性。

我們做了很多研究以找出坐標軸，另外還善用了歷史、經濟、政治、社會，以及物理、數學、哲學與心理學。平衡領導力概念的核心，是我們所說的零領導模型（zero model of leadership），這會讓我們知道如何重新調整領導以達平衡。當然，平衡是很少能達成的狀態，從這方面來說，正好呼應無限。

這個平衡點是這套理論的重點，用有消失點（vanishing point）的 3D 透視圖最能清楚說明。偉大的領導會來到這個均衡點：遠到可以看到未來，但又近到身在此時此刻。任何圖片中的消失點，都是透視線條收斂到一起的那個點，消失點之後的景象就看不到了。這是無窮遠點（infinity point）。領導者必須要在這個區塊領導，他們必須要運用流程掌握情境的能力，超越眼前所見的情勢。這代表要能覺察到我們現在在哪裡、我們之前從哪裡來以及我們要往哪裡去，還有，前方可能有哪些阻礙。

偉大的領導是可以走到任何極端、但又能不斷地回歸平衡的領導，這個想法讓我們深深著迷。說到底，一旦出現任何極端挑戰，從平衡點起身因應，是最短的部署距離。太多領導者都被拖進日常的救火行動裡，領導者要做的，是其他人不願或是不能做的事。他們該試著不要去做重複的事，因為他們擁有的是獨特的技能與經驗。什麼事都插上一腳的領導者太多了，這也正是他們必須培養出看大局能力的理由。這不是指他們應該隨時隨地都一副事不關己的樣子，而是指無窮盡領導者應要能從每一個軸的極端做事，但整體來說，他們的基準點在零，他們要回到原點才能走向極端。

我們在編排本書時強調幾個簡單的重點。第一，以領導來說，我們已經來到轉捩點，我們正看著失衡取向的最後階段慢慢浮現。所謂失衡取向，指的是以提高短期效率為藉口，不惜造成長期損害以及浪費人力、資本和環境等資源。第二，我們必須去看漫長歷史中的失衡，理解很難用理性和科學來影響信念並達成更平衡的取向。理性科學進展的太過頭了，變成了新的失衡與過度仰賴分析邏輯。第三，如果我們可以理解什麼叫平衡，就可以更有創意、生產力且更公平，長期下來也會更有成效。

第一章「盡頭」，講的是領導失敗的程度與嚴重性，以及背後的原因和造成的結果。第二章「圓與零」，講的是失衡的歷史，並提醒我們在我們的文化與歷史中，零與無限可能性向來都密切契合。第三章「現有的領導模型」，我們要講的是管理思維如何把我們帶到這條路上，以及領導學模型的革命。第四章要介紹無窮盡模型，說明每一個象限如何彼此平衡，我們會以第一個模型「理性與感性」為例詳細說明。第五章探討平衡、或者說「零狀態」思維的哲理，這會講到面對看來互相矛盾或彼此疊加的趨勢有多複雜，舉例來說，資訊可帶來洞見，但太多的資訊則會製造盲目。第六章檢視一個優越社會具備哪些特性，零思維又有哪些經濟意義。零經濟探討經濟的變化，指出若要改造領導，我們需要用到幾乎可說是存在主義的思維來考量預算，「如果這樣的話會怎麼樣」的想法就在這裡發生作用。如果我們一開始的時候讓試算表完全空白，那會怎樣？如果我們就這樣動手做會怎麼樣？我們要怎麼做？假設我們沒有這筆預算，那需要的預算是多少？（這是以零為基底的編列預算法）零領導思維不一定需要資本，而是運用「號召」力量來調整校準。這也就是我們所說的「零自我，零性別」，我們會在第七章討論這個面向。

這和第八章的「零教育」密切相關。本章講到我們用了一些不適當的方法做領導的準備，也講到學校、大學、職場上的計分方法完全不管協作、同理與團隊合作。本章也談到了我們需要用新思維來思考教育、想像力還有創意。

第九章探討這樣的思維會把我們帶到哪裡去。當你看到人們承擔起責任，你就會在責任裡找到愛。這特別適用於家庭：照顧孩子或父母，做這些事是出於愛。每當你看到責任，也就會看到領導。本章會涵蓋僕人式領導（servant leadership）裡的四個「H」：humble（謙虛）、happy（快樂）、honest（誠實）和 hungry（渴求）。

最後一部分是本書的總結與摘要，會探索幾個矛盾問題，比方說我們為何手握這麼多數據卻又如此盲目，我們為何受到遠優於過往的教育卻又如此無知。這部分會研究領導者特質，並把許多領導者的行為和這些行為創造出來的機會與問題連結起來。

此時，我們還活在所有人的生命中最重大事件之一的陰影之下，我們希望用本書推進領導思維，因此，我們要冒個險，有些不同的作為。我們希望徹底想一想哪些因素可以給我們更好的領導；我們希望，我們這一路上的發現能讓你感到驚喜，就如讓我們感到驚喜一般。

進步的機會就在我們所有人身上，這或許可以解釋為何這個機會如此難以捉摸；當我們想要改進時，最後才會從自己身上尋獲。

克里斯・路易斯
琵琶・瑪格倫
二〇二〇年五月

第1章

盡頭

目前的領導有多糟？領導到底有多失敗？在哪些領域？為什麼會這樣？原因是什麼？領導失敗的經濟成本是什麼？這如何改變我們的文化？我們聽到很多領導上的失敗，是因為失敗比較容易看見嗎？

我們生活在領導出現災難性大失敗的時代。二〇二〇年的新冠病毒疫情打擊了全世界千百萬人民，製造出全球經濟衰退與嚴重干擾。有幸逃過疫情的人，仍在恐懼、孤離和焦慮中感受到衝擊。國際間為了因應疫情在共享資源與整備方面進行合作，但屢屢失敗。如果說領導的責任是保護社群，那麼，疫情期間的領導最了不起也只做到了減緩惡果，在最糟糕的時候則是無能保護社群中最弱小、最易受傷的人們。

有人說，情況本來可能更糟。這種話很多人都聽不進去，比方說，失去原本不該失去摯愛的人，失去事業、住家與機會的人，陷入嚴重焦慮、永遠無法再度感受到自信的人。

人們可以從中學到什麼？我們的主要結論是，人們的輕重緩急改變了。疫情導致的失衡，成本很高。如果我們經歷了這個事件，卻仍然不做任何改變，這將會是最大的錯誤。此時是最適合綜觀領導、看看要怎樣改進的時刻。

然而，管理和領導的失敗不僅出現在疫情期間，問題早就有了。二〇一八年時，因為道德缺失而下台的企業執行長人數，超過任何其他理由。[1]該項研究顯示，執行長的流動率來

二〇一八年時，因為道德缺失而下台的企業執行長人數，超過任何其他理由。

到歷史新高的十七．五%，或者說，換算下來平均任期只比五年稍長一點。研究指出，比起過去，現在似乎有更多遺失道德指南針的領導人。出現道德上的瑕疵代表沒有判斷力，那又怎樣？這有何重要？這會摧毀人們的信心、價值觀、財富，甚至會毀了希望。

何謂有道德的領導者？

我們可以從很多方面來定義有道德的領導者，但追根究底要符合以下各點：

- 尊重他人
- 能打造社群
- 展現公平正義
- 服務他人
- 誠實

你不覺得這些有什麼難的，對吧？你會覺得，這些都是領導的基本面。所以，我們要問一問，有哪些因素會扭曲這些原則？

最明顯的因素是聚焦於短期財務表現，這一點在美國企業尤其嚴重，因為美國必須每季提報財報。這一點有時候會導致領導者競逐績效數字，而不是把重點放在客戶服務上。

另一個因素是**領導風格太僵化，只容許出現某些成果**。如果領導者急急地要去做下一件事，他們很可能也會把這種態度帶進團隊裡，有時候會導致沒有好好理解許下的承諾。

新式的領導有時候認為理解社群是浪費時間，但，不傾聽的領導者就會遭遇抗拒。有時候，當時的文化氛圍確實期待變革，也真的會完全配合新的領導。

重點在於領導者「是」一個怎麼樣的人，而非領導者「做」什麼。

合乎道德的領導並不表示就比較沒有活力、比較不願意奉獻或是比較不著重目標，重點是你怎麼做。

不道德的行為大增，這樣的趨勢代表某些領導者根本不在乎做事的方法，只要有達成目標就好，有些甚至主動涉入不道德的行為。就算領導者本身並沒有行為不檢，但他們仍在無意中助長了不道德的行為。我們要奉行一句話：「上行則下效。」

當領導者決定要獎勵、寬恕或忽略員工的哪些行為時，也就決定了組織的調性，這會訂下明確的基準指標，指出哪些行為會受到重視。領導者甚至什麼事都沒做就決定了局面。要讓惡持續下去，好人只要什麼都別做就好了。說到底，重點在於領導人「是」一個怎麼樣的人，而非領導人「做」什麼。

這也就是我們在《領導實驗室》裡要傳達的訊息（感謝科乾出版社〔Kogan Page〕慷慨允可重製）：

自世紀之交以來，我們發現領導者非法逃稅、[2]汽車產業裡的人在廢氣排放問題上說謊、[3]操縱利率、[4]替墨西哥毒販洗錢、[5]掌管規模超乎任何人想像的境外銀行體系、[6]強迫好公司關門大吉[7]並毀了退休金基金，他們自己倒是愈來愈富有。[8]整體來說，他們監督著財富遭到前所未見的破壞，金融體系嚴重崩潰，[9]還冷眼看著人們拿一輩子的儲蓄去投資由品格高尚的領導者成立的基金，到最後卻變成龐氏騙局（Ponzi scheme）。[10]精神性靈方面的領導者掩蓋了教會的性虐待，[11]慈善事業的領導者性剝削脆弱的群體，[12]娛樂圈領導者面對各式各樣性騷擾與性侵害的指控，[13]領頭的大眾傳播業者不實指控政治人物虐兒，[14]同時又放任真正的施虐者在各自的場域裡犯下罪行。[15]在此同時，運動界的領導者被抓到作弊與使用禁藥，[16]醫學界的領導者長期虐待病患。[17]就連美國總統的政治顧問也下獄[18]，並有人大聲疾呼要彈劾這位自由世界的領導者。

根據莫薩克馮賽卡律師事務所（Mossack Fonseca）到天堂文件（Paradise Papers）兩樁洩密案中估計[19]，全世界藏在避稅港的財富約有八．七兆美元（占比約十一％）[20]。各國政府早就替避稅港鋪好了路，但我們直到現在才開始理解這些政策造成的結果。把這些錢藏起來，光在二〇一六年就讓全世界的政府少了約一千七百兆美元稅收，美國國庫短少了本來應該可以收到的三百二十億美元稅金。多數人覺得問題沒那麼嚴重，因為境外金融系統只是每個境內經濟體的一小部分，然而，後來發現是好幾倍。

這些事聽起來很古怪、驚人、不可置信甚至不可能，但確實發生了，而且持續發生。這些事件不僅讓人質疑起分離式的領導文化，更質疑整個體系。信任嚴重崩盤，很可能過了十年之後還餘悸猶存。

明確的結論是，領導方面的問題無關乎專業，而是在於行為。當五歲大的孩子在派對上胡作非為，負責監管家長等到當事人的行為可能傷害到派對上其他人時，必定會祭出趕人的措施。我們當然不能期待行為不端的孩子會乖乖服從干預手段，很可能恰恰相反。始於二〇〇七年的大衰退（great recession），過了十多年也沒有人出來吵鬧喊冤，因為肇事的元兇根本沒有受到懲罰。更糟的是，人們解決資金太浮濫的辦法，是讓資金再更浮濫一點，結果可想而知。

資本的力量對比人民的力量

有些人可能會說，我們看到的短期貪婪主義極具毀滅性，但資本主義世界就是這樣。他們會說，小眾群體鮮少能影響主流領導文化。但真的是這樣嗎？某些小眾群體，比方說茶黨（Tea Party）、反抗滅絕（Extinction Rebellion）、MeToo 運用、黑人的命也是命（Black Lives Matter）以及少數股東等，曾經引發某些最重大的變革。事實上，你也可以說，是小眾群體帶出了所有現代的進步進展。

這裡的重點是，如果能體認到資本和小眾群體的目標其實是相同且一致的，可以讓兩者發揮更大力量。領導失敗的話會造成極大的成本，而且不只是金錢上的成本，最大的成本是我們不再相信資本與政治運作流程。沒有人真的想要剷除民主，但很多人會說共產主義體系在經濟上似乎更成功（至少短期來說是這樣）。我們不是常常聽到威權經濟體的表現比資本主義體系更快、更好又更公平？

和領導有關的部分是，領導應該主動徵詢小眾群體的意見，因為這些人很可能是非常重要的早期警示系統。二〇〇七到二〇〇九年間金融體系好幾次的大崩盤，就說明了這一點。有很多人對於美國房貸市場的信心、流動性和有效性大表憂慮，但這些發聲的人被視為不合群的孤鳥，他們講的話根本沒有人要聽。二〇〇五年時，印度的經濟學家拉古拉姆・拉詹（Raghuram Rajan）在懷俄明傑克森霍爾（Jackson Hole）全球央行官員年會上發表一篇論文，警示金融危機迫在眉睫。他說對了，但他的觀點在當時遭到駁斥。[21] 二〇一三年九月時，他成為印度央行總裁。孤鳥的定義是「非大多數」，這也可以用來說明領導。

領導需要聽聽孤鳥的聲音，不是因為他們一定是對的，而是他們向來與眾不同。**領導者的任務不是預測會出現某個結果然後預作準備，而是要準備好因應每一種結果。**重點是，要有想像力看到可能的結果並納入規劃流程中。

附帶一提，這麼做並不只是為了防範出現造成大災難的黑天鵝時刻，也為了常態性的創新。畢竟，如果某個人有了某個想法，那有沒有可能他們是在創新流程的「初期」？如果是這樣的話，重點就不是會不會有創新，而是何時會有。

領導失敗會引發哪些成本？

每一種失敗都會有成本，我們已經理解新冠病毒疫情引發的經濟危機造成了哪些真正的成本（有些人已經在說，最終的成本會高過金融危機）。[22]當政治人物把重點放在壯大與發展經濟體的同時，光是一場金融危機，預估成本就高達二十二兆美元，[23]這表示每個美國人要分攤七萬美元。當然，你可以說股市二〇一九年創下新高，但這告訴你的是股票現在值多少錢，並不會告訴你本來可以值多少錢（參見圖 1.1）。[24]

美國國家審計總署（US Government Accountability Office）[25]說：

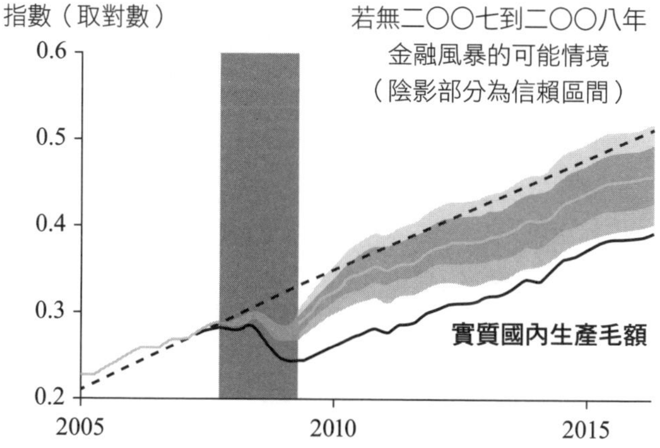

圖 1.1　實質國內生產毛額

資料來源：二〇一八年舊金山聯邦準備銀行經濟文書（FRBSF Economic Letter）

> 研究指出，美國因為二〇〇七到二〇〇九年金融危機而發生的產出損失，價值可能在幾兆美元到超過十兆美元之間。二〇一二年一月，美國國會預算辦公室（Congressional Budget Office, CBO）估計，金融危機之後的實質國內生產毛額與預估值之間的累積差額，到二〇一八年約為五．七兆美元。

數字聽起來很大，我們放到現實的脈絡中來看，如果你有一兆美元，你就可以買下蘋果公司（Apple），二十二兆美元就可以清償美國的全部國債。[26]美國政府每年歲入約三．一兆美元，目前歲出為四．一兆美元，[27]年度赤字上看一兆美元，這是美國每年賺到跟花掉的錢的差額，而且光是二〇一七到二〇一八年間，赤字的增幅就達到十七％。

就很多經濟系的學生來看，以赤字支應擴張到這個程度，通常會引發通貨膨脹，或者說，至少資產價格會膨脹，這很可能是股市不斷創下一個又一個新高的理由，目前全球其他經濟體多半也有類似的壓力。[28]這裡要講的重點是，金融上的肆無忌憚還正在持續當中。我們可以說，如果沒有這場金融風暴，多數政府本來可以在一年把支出提高兩倍，或者，他們也可能拉長期間，大幅提高公共服務預算。

光從經濟上來看，領導失敗的成本就已經讓人咋舌，但這還只是財務上的部分而已，而且我們也沒算到疫情的影響。如果我們把其他部分領導失敗的成本算進來，社會成本還會更高。

非財務成本

我們可以大致上評估領導失敗造成的金錢成本，但其他也很重要的成本呢？這就比較難以量化，但並不會因此比較不嚴重。哈里斯民意調查公司（Harris Poll）針對美國年輕人做了一項調查，問他們有哪些人生目標，出現了一個答案：他們追求的不是工作上的快樂或是居家生活的滿足，第一名的答案是九十四％的人共同的目標：免於背債。[29] 如果這是對的，發現有一代的人都是這樣，真是讓人沮喪。

怒潮高漲

不管用什麼標準來衡量，幾乎都會發現大家都愈來愈憤怒。[30] 這代表人們已經無法控制自己或不自律嗎？還是說，大家渴望一個有序、制度性的發洩怒氣管道？又或者是，發怒是為了彰顯自身的道德水準很高而演出來的？[31][32]

憤怒顯然明顯可見而且可以衡量。我們可以在人民對於政治結果以及公共服務感到挫折時看見憤怒。英國國家保健署（NHS）註冊護士中有三分之一曾在工作時遭受攻擊，皇家護理學院（Royal College of Nursing）的員工遭攻擊的比率也增加了九．七％。[33]四分之一的老師曾經受到學生暴力相向。[34]英國憤怒管理學會（British Association of Anger Management）說，約有三分之一的人很難控制自己的憤怒。[35]大約有一半的人常常在職場上發怒，並自招有「上班氣」（office rage）。人們不去上班的最大宗理由，是壓力。三分之一的英國人不跟鄰居講話。二〇一六年全球航空公司舉報一萬零八百五十四件空中暴力事件，[36]高於二〇一四年的九千三百一十六件。英國是全世界路怒症（road rage）第二嚴重的國家，僅次於南非，[37]八十％的駕駛人說他們曾經歷過路怒症事件，二十五％的人坦承他們自己做出了路怒行為。七十一％的網路用戶承認碰過網路暴力症（internet rage），五十％的人碰到電腦問題時的反應是槌打電腦、把電腦摔個粉碎及／或對同事施暴。超過三分之一的英國人因為焦慮而失眠。[38]

這些都不是一次性的事件。蓋洛普（Gallup）的美國年度調查指出，二〇一九年，美國人的壓力、憤怒與憂慮程度超過過去十年，[39]大部分的人（五十五％）覺得壓力很大，美國的壓力值比全球平均高出三十五%。社會的底層對於社會高層領導者的失敗感受更為強烈。

對文化的衝擊

我們到現在都還在努力走出這場大眾文化中最大的悲劇，也還正試著釐清到底發生了什麼事、又為何會發生。我們已經替雷曼兄弟銀行（Lehman Brothers）[40]和安隆（Enron）[41]寫完了劇本。《大到不能倒》（*Too Big to Fail*）、[42]《崩盤》（*Crashed*）[43]、《金融之王》（*Lords of Finance*）[44]、《魔鬼都到齊了》（*All the Devils Are Here*）[45]、《危機經濟學》（*Crisis Economics*）[46]、《給的人與拿的人》（*Makers and Takers*）[47]、《華爾街的盡頭》（*The End of Wall Street*）[48]和《巨人倒下》（*Crash of the Titans*）[49]等書，都在探討這件事。《大賣空》（*The Big Short*）[50]和《洗鈔事務所》（*Laundromat*）[51]則用戲劇表現出事件效應。但這已經有點過時了，現在更被新危機取而代之，很可能要更晚才能得出確切的結論。

大問題是，我們想要用理性來解釋不理性的行為，這在分析層次上就不對。

我們先從我們選出來負責任的人講起。在這方面，我們要考慮一個非常驚人的可能性，那就是沒有任何領導者認為自己最終會落入失敗的境地，他們甚至想不到領導失敗是一場多嚴重的災難。這代表他們根本沒有想像力，想不到可能發生什麼問題，可能也不知道可以快速重構問題。

如果天主教神父性侵小男孩眾所皆知，那為何沒有人動手處理？是不是因為這種事太荒誕，讓人無法相信？好萊塢的性剝削又如何呢？我們確定真有其事嗎？銀行幫販毒集團洗錢呢？他們不知道嗎？還是說，他們選擇不要太認真看待？還是說，他們都根據一套很狹隘的價值觀來領導，只有在日後重新定位時才會重構？

英國政治家埃德蒙．柏克（Edmund Burke）說：「惡魔要獲勝，唯一的必要條件就是好人不作為。」[52]領導崩壞最悲劇的一點，就是很多人都知道有這種情況，但是沒有人想要做什麼。每一個不想惹麻煩的人，都會得到好處。大眾的反應也很明確可知，我們可以拿來和悲傷階段週期（grief cycle）做類比：[53]

否認→憤怒→沮喪→討價還價→（忿忿不平地）接受

套用悲傷模型的唯一問題是，信任遭到破壞之後不會以平靜的狀態結束，每一次發生破壞信任的事件時，週期又會重複，而且更加嚴重，在每一個階段，我們會願意嘗試更極端的方法去補救。我們以前經歷過這種事，這一次或許該換一個更強的領導者？還是削減民權與人權？且讓我們選一個可以毀了一切的人。

這引發了對立分裂；很多作者都想要去解釋分裂這件事。馬修．古德溫（Matthew Goodwin）和羅傑．義特威（Roger Eatwell）[54]說，分裂是一種對民主自由的反感。詹姆士．李佛斯（James Reeves）[55]把分裂說成是「離地」（anywhere）和「在地」（somewhere）的差別，後者（以及大多數美國人）指的是在出生地方圓二十英里內生活的人。

不管用什麼方法定義、歸類認同，這都是一個實際存在且愈來愈嚴重的問題。皮尤研究（Pew Research）[56]指出，如今世界對立分裂的程度比過去任何時期都來得高。分裂導致的憤怒，有時候讓崇尚自由的人很困惑。我們真的都是理性的人嗎？我們不能耐心地對話嗎？當然可以，但我們愈來愈急著處理以上列出的各種困境，然而，這些都是無法快速解決的問題。問題會隨著時間過去愈來愈嚴重，我們會看到，這會像一條支流紛紛匯流的大河一樣。

憤怒的人們分裂成各種小團體，這是很值得探究的議題。憤怒會再衍生出憤怒，但憤怒的根本是恐懼。他們害怕什麼？簡單來說，人們會生氣，是因為他們的世界以他們不樂見的方式在改變。他們氣那些氣他們的人。兩邊的憤怒都可以理解，快速的變化更加深了憤怒。

但這當中有任何新意嗎？

我們看到跨世代之間的憤怒，老一輩的人覺得年輕人不負責任，也不用忍受他們忍受過的事。事實上，這根本不是新鮮事。活在西元前四六九到前三九九年的蘇格拉底（Socrates）說：「現在的小孩都愛奢華，他們很沒禮貌，蔑視權威。他們不尊重長輩，喜歡在做事的地方閒聊。現代的小孩是暴君，才不是家庭的僕人。他們再也不會在看到長輩進屋時起身。他們和父母唱反調，在客人面前喋喋不休，拿走餐桌上的美食，翹著腳，還欺負老師。」[57]

我們也看到種族間的憤怒，「黑人的命也是命」運動便是很好的證明。這也並不是新鮮事，黑豹黨人（Black Panther）便體現了一九六〇年代民權運動的憤怒。白宮目前的執政黨和民主黨之間在政治上對彼此有怨氣，尼克森總統（Richard Nixon）對越戰的憤怒也是同樣的東西。英國脫歐派和留歐派彼此仇視，但與始於歐洲、把全世界拖下水的三次世界大戰（兩次熱戰、一次冷戰）相比，這股憤怒或暴力有比較激烈嗎？

現在的差別只在於嚴重程度。如今，好的領導已經變成例外而不是通則了。重點是，我們不能替他們開脫，說他們自己不知道。他們的任務就是要知道，這也正是我們要有領導者的理由。

他們是否也有無力感，覺得自己什麼也做不了？他們是否眷戀職位，顧慮行動會造成不良影響？有沒有可能，當人們判斷某些行為的標準愈來愈寬鬆時，也跟著放鬆了所有的判斷？比方說，從什麼時候開始，運動作弊是可以接受的事了？我們在足球、單車、板球和橄欖球上一次又一次看到這種事。勝利的獎勵是不是已經高到不得了了？抄捷徑的誘惑是不是已經變得太有吸引力了？

管理認知，而非管理現實

現代與過去的另一項差異是，人們已經不再信任傳統的資訊來源。資料來源多重，再加上要盡快生出報導的壓力，意味著會有很多不正確的地方，報導的速度和查核真相永遠都成反比。這裡又出現了差異：如今，至少有一些刻意的操弄不再是因為時間急迫造成的不得不然，比較像是出自於憤世嫉俗的惡作劇。最近的深偽（deepfake）影片現象，便是最好的範例之一。這是一種在刻意操縱下製造出特效的影片，有一部美國參議院議長南西・裴洛西（Nancy Pelosi）的影片聲音遭到竄改，讓她聽起來像喝醉酒一樣。如今，透過科技，可以讓每一個人看起來像說了自己其實根本沒講過的話，連總統也逃不掉。這種假訊息隱藏在顯而易見的地方，隨著人工智慧出現，用來操縱的相關科技會更加精密、更加真假難辨。

但，誠實的人通常不會使用假新聞來強化自己的訊息，只有違法犯紀的人才會這麼做。讓人難過的是，有好故事可說的人都會贏得關注。

要怪誰？

當我們不信任彼此時，會比過去更孤立，領導應該要讓大家團結在一起，但，每一個面向的領導看來都恰恰相反。我們可以怪罪領導者，但不太可能有用。如今我們都是領導者，因此都要負責任。

我們必須提問：「後世會說我們一輩子努力為了共好而奮鬥、念茲在茲人類的長期未來嗎？他們會說我們有照顧弱勢嗎？會說我們不自私、簡樸而且用意良善嗎？他們會怎麼說我？他們會說你已經善用自己所擁有的並做到最好、永遠都在尋求平衡嗎？你永遠都用自己希望得到的待遇去對待別人嗎？」

領導必須是做正確之事的道德承諾，不然就什麼都免談。

如何重建信任？

很多人都講要重建信任，這牽涉到承認錯誤、承擔責任、請求原諒、改變信心以及積極努力重建信任。你從那些大大失敗的銀行、政治、石油化學和宗教社群中，看過多少前述行為的蹤影？從來沒有。很多時候，當事人只是把注意力轉移到其他領域。

也因此，其他真正體認到問題、並願意挺身為社群提供更優質產品服務的品牌，就大有機會。這種事常有，因為人們會唾棄他們認為行為不道德的品牌。舉例來說，英國有很多學校寫信給英國石油公司（BP）威脅要抵制該公司，一個星期之後，英國皇家莎士比亞劇團（Royal Shakespeare Company, RSC）便說要謝絕該公司的贊助。[58]當時各級學校紛紛要求莎士比亞劇團結束與這家石油公司的合作關係，並指稱如果劇團以不變應萬變，就要推動抗議活動。自二〇一三年以來，英國石油公司便贊助該劇團，讓十六歲到二十五歲的人可以購買五英鎊的折扣票。

學校發出的信函如此寫道：

推動這項贊助活動讓英國石油公司得以假裝他們在乎年輕人，給年輕人機會觀賞出色的現場表演從而受到啟發，引燃終生對於戲劇的愛。實際上，英國石油公司危害了他們表面上說很在乎的年輕人的未來，繼續開採大量的石油與天然氣，積極遊說，反對我們這些在學校的罷課者努力推動的因應氣候變遷政策。

劇團總監葛雷格利・多蘭（Gregory Doran）和凱薩琳・瑪莉翁（Catherine Mallyon）在一篇聲明中表示：

> 我們認同氣候變遷議題刻不容緩，在這當中，年輕人現在很清楚地告訴我們：英國石油公司的贊助變成一道障礙，阻隔他們以及他們想要參與莎士比亞劇團的渴望。我們無法忽視這個訊息。

消費者施加的力道愈來愈強大。《道德消費者》（*Ethical Consumer*）雜誌有超過六千名訂戶，每個星期收到一萬五千封電子郵件，網站每個月吸引超過十二萬不重複訪客。

以全世界來說，各種小眾團體都在重新宣告自身的價值並且集結在一起，提醒領導者很多事都失衡了。

體認到問題

我們都認識一些好的領導者，甚至有些是偉大的領導者，他們都正直誠實、有勇氣且有智慧，他們廣納百川，他們改變了很多人的生活，他們認真思考，他們連點成線。現代最出色的領袖之所以出色，是因為他們研究過表現最差的那一群。研究失敗案例可能會讓某些人很意外，認為在這方面耗時間很奇怪，但多數的領導者會告訴你，他們從失敗當中學到的比成功更多。事實上，很多進步都是因為失敗讓人產生了改變的動機。

我們之前列出的災難性事件有哪些共同之處？是因為缺少了符合專業資格、受過大學教育的領導者嗎？不是。那，為什麼他們的領導者沒有注意到發生什麼事？是資訊太多還是太少導致他們分心了？他們知道自己正在做錯的事嗎？他們沒有想像力，才看不到相關的效果嗎？他們覺得自己無法大聲把話說出來嗎？他們覺得自己能逃得過後果嗎？這些組織的規模有造成部分影響嗎？領導這些組織的主要是中年男子，這一點重要嗎？如果資深職位上有更多女性，這些女性會不會同樣落入男性文化，開始有同樣的行徑？科技扮演什麼角色？有明顯的模式嗎？

領導人都有明確的動機和決心，但是重點是他們用來做錯的事，或者說，至少是刻意忽略對的事。這些現象並非偶然，起因也並非什麼單一事件。無論這些人是不是故意，無論在日後重構時來看是不是很明顯，這都是很糟糕的領導，幾乎每一個方面都失衡。我們要研究的，就是這些失衡的地方。且讓我們來看看其中一些。

現代最出色的領袖之所以出色，是因為他們研究過表現最差的那一群。

變動速度快——沒有能力平衡過去與未來

就算在最好的情況下，變動的速度都比領導更快。從文化面、技術面以及地緣政治面來看，領導者和他們領導的機構已經無力招架變化。

這使得「經濟理性主義」（economic rationalism）大行其道，體現經濟理性被視為領導的單一目標，就算要犧牲符合道德的行為也在所不惜。回過頭來，這給了我們「最高級的」

（而不是「更好的」）經濟。最大的就最好。如果領導限於經濟理性主義的架構，永遠都只能達成次佳狀態，因為領導者永遠會選擇追求量化標準，放棄質化標準。

資訊過度負載——沒有能力平衡資訊

在一個執著於當下的時代，過去不受尊重，被人隨意打發，只有當前才重要。為什麼會有這麼大的變化？這可以直接追溯到智慧型手機，以及大量的干擾和數據引發的嚴重分心與資訊過度負載。一般人一天會收到四十封郵件，假設每天的工作時數是八小時、或者說四百八十分鐘，那麼，我們每十二分鐘就會被人打擾一次。[59]

除了前述的失調之外，我們還要接收數量比以往有過之而無不及的資訊，而這也很可能是造成失調的原因之一。資訊太多了，讓我們變得盲目，看不到眼前核心的明顯事實。在我們生活的這個時代，及時娛樂的吸引力遠高於事實。即便事實就擺在眼前，我們的眼睛就像蒙上一層霧一樣，看不到大局的奧祕。

我們還要來談談知識加倍曲線（knowledge doubling curve）。知名的工程師巴克敏斯特・富勒（Buckminster Fuller）發現，到了二十世紀，資訊與人類知識的數量以指數成長。他注意到，二十世紀之前，人類的知識大約每二百五十年就會倍增，一九〇〇年之後，開始變成每一百年便會倍增。到了二次大戰末期，知識每二十五年便會倍增。到了一九八二年，富勒估計，人類知識每年就增加一倍（見圖1.2）。IBM說，現在，知識每十二小時就增加一倍。[60] 加入物聯網（Internet of Things）裝置之後，本來已經快到非比尋常的資訊流速度會更快。

知識倍增曲線[61]有助於解釋為何人們會覺得焦慮：因為追不上。沒有人閱讀的速度快到能接收所有新資訊，更別說要弄明白當中的意義了。

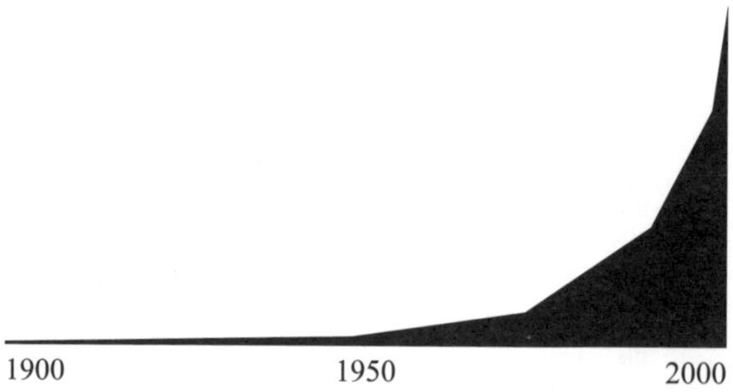

一九〇〇年之前，人類的知識大約每百年增加一倍 ➡ 到了一九四五年，知識每二十五年增加一倍 ➡ 目前，平均而言，人類知識每十三個月增加一倍 ➡ IBM 預測，打造出「物聯網」，使得知識每十二個小時就增加一倍

圖 1.2　巴克敏斯特・富勒的知識加倍曲線

資料來源：布萊克（D Blake）「學習經濟：每位學習長應謹慎監看的五大全球趨勢　」（The learning economy: 5 global trends every CLO hould be watching），2015年，迪克瑞公司（Degreed Inc）。

用誰說的來決定哪些資訊有用、哪些沒有，不用去查核資訊的原出處，這樣簡單多了。有些人認為，如果消息出自民主黨或 CNN，那就很可信，有些人則把目標放在共和黨和福斯新聞網（Fox News）。回到一九六〇年代末期，媒體理論宗師馬素・麥克魯漢（Marshall McLuhan）就預見到了這股資訊潮，預言資訊過度負載會讓我們更往同溫層靠攏。[62]現今的領導人必須理解，人們愈來愈少真正去理解什麼事。現代人愈來愈不在意事實，也不再講究要整理出周延的意見。信念是更重要的形塑意見因素，超越邏輯。

資訊應是流動的，像過程一樣，如果不是，資訊就變成單一的事件。我們需要分析與平衡資訊流，讓資訊流照亮前路，而不是讓視野變得模糊。

不用承擔後果——做錯事的人不用受懲罰

通常代表正義的符號是天秤。結果要公平，要能平衡兩邊。

就算在最好的情況下，我們也只能說目前的領導顯然失衡，而且不只在地層級是這樣，連在全球舞台上的最高階之處也是如此。領導者犯罪不用下獄，表現不佳顯然也不用受到任何制裁。在二〇〇九年的金融危機中，沒有任何銀行家因為職務而入獄，多數銀行就是從之前停下來的地方再出發就是了。

這種事本身就很奇怪。政治領袖一定明白，新的溝通環境條件幫了他們大忙，提供了協助；在新環境中，人們喜歡煽情鼓動勝過溫和謙恭，喜歡大聲勝過安靜，喜歡騙子勝過說實話的人。政治領導者為何不想讓引發這麼多困境的人接受大眾檢核？是因為懲戒要花太多時間嗎？是因為顯然無法讓這些人洗心革面了嗎？是因為與魔鬼做了交易，考量長期的經濟益處勝過短期的政治利得嗎？

銀行家自我開脫，把信貸危機說成「信貸海嘯」（credit tsunami），[63]說得好像這是老天爺做的，不在他們控制的範圍內。除非有人負責掌控全球的經濟流動，不然要央行體系有何用？這能歸咎於缺乏想像力嗎？事實一直都在眼前，比方說吧，倒掛的殖利率曲線與房貸違約率。某些企業家倒是解讀的很正確。[64]或許就像美國作家厄普頓・辛克萊（Upton Sinclair）所說：「如果一個人要靠著不理解才能領到薪水，那就很難要他去理解。」[65]

有些人可能會說，檢驗一套系統是否有道德，最好的辦法就是讓系統受制於相反的行為，然後看看系統會不會自行修正。法國已故的政治學家亞歷西斯・德・托克維爾（Alexis De Tocqueville），將會樂見在他的作品問世一百五十年後還有人會去討論與驗證[66]。

如果不考慮領導失敗會嚴重衝擊我們生活的每一個面向，包括政治委任與國會民主，這種實驗在學術上還蠻有意思的。當全世界愈來愈緊繃，政治上卻又沒有相關經驗，領導在此時失敗，時機可謂糟到不能再糟了。

我們如何教授領導學——過度強調個人主義與專業主義

中小學和大學都對分數很執著，問題都有標準答案，就是書後的解答。可以得出正確答案的人、有分析能力的人、能深入鑽研的人，這些人是贏家，這些人高人一等。這使得我們的領導人傾向著重量化、短期、戰術、實質且冷酷。我們教學生思考，不教他們去感受，沒有教他們培養連點成線的能力。領導者必須應付模稜兩可，因此廣泛涉獵很多面向，比精通少數面向要好。專業領導者的時代已經過去了，現在的領導者必須從廣泛的來源思考許多標準。還好，隨著大數據出現，我們比過去更能做到這一點。領導者要有「流暢掌握情境」的能力通盤考量，以理解到底發生了什麼事。

但多數人接受的都是準備成為專家的訓練。教育系統與制度要分類需要有標籤，比方說，一個人得是會計師、律師、技師、科學家或業務員。找到一個具備兩種看來並不相關的技能，比方說一位精通銷售的科學家，會很讓人興奮。這種著重更深入培養專家技能的取向，阻礙了博學多聞，也會讓人安心地認同理性的確定性。這種教育讓每個人一個蘿蔔一個坑，每一個人都有自己的領域或階級。但人渴望確定性會造成一個問題：落在常態上方與下方的異類會引發注目。不管任何專業，階級排序都會加重上方與下方者的自我意識。這兩群人都是異類，好的這一邊變得更好，壞的這一邊則沉溺在自己的壞裡面。麥爾坎・葛拉威爾（Malcolm Gladwell）在《異數》（*Outliers*）[67]裡舉了個例子，說到出生日如何發揮重大作用，影響了人們是否能發展成傑出的人。他指出，出生日期比較靠近學年頭的人，表現得最有才華，但事實上，這只是因為他們比班上最小的人大了一歲而已。以在學校裡的表現來說，這會造成很大的差別，並構成了日後人生難以打破的模式。

同樣的，教育裡的失衡也明顯可見。如今，學生的價值在於他們能答對多少題目，而不是他們能幫其他同學多少忙。沒有人看到大局。樂於與他人合作的學生就算能「得分」，也是少之又少。事實上，在這個時代，合作常常被稱為剽竊，並會受到懲罰。

無能的人太多——缺乏均衡的技能

系統設計成讓我們以贏家和輸家的角度來思考，而且贏家只能有一個。這根本上就是錯了，教育與評量上反映的是既有的男性偏向，我們不會給合作、敏感、同理、謙卑分數，個人主義的評量標準偏好的是競爭。這一點也可以解釋女性在科學和數學界受到的偏見。

教育系統最早期階段已經灌入這套取向，這也和魯莽冒險以及短視近利很有關係。這樣的訓練牴觸了整個社群的最佳利益。隨著領導者的任期縮短，他們必須在更短期間內做更多事。必須「做什麼事」的要求，遠遠超過必須「成為什麼樣的人」或展現價值觀的要求。

「英明領導者不會有錯」的傳統模型，源出於以摩西和基督為重點的猶太－基督教倫理，這是一個男性模型。亞瑟王傳奇也類似。想一想亞歷山大（Alexander）、凱撒（Caesar）、拿破崙（Napoleo）、教宗與馬丁・路德・金恩（Martin Luther King）。這些都是父權的角色，加上了過度自信與不切實際的期待。當我們想到領導，總是把重點放在領導者身上、而不是放在領導這件事上。聚焦在某個人身上，自然代表了沒有團隊合作。當領導失敗，責任也跟著崩壞。

過度自信是思考狹隘的源頭

還有其他因素造成失衡。失衡體現的事不是魯莽的過度自信？英國倫敦大學學院

（University College London, UCL）的湯瑪斯・查莫洛－普雷謬齊克（Tomas Chamorro-Premuzic）教授二〇一三年時接受《哈佛商業評論》（*Harvard Business Review*）訪談，提到太有信心掩藏的是無能。[68]他說：

> ……有自信的人多半更有魅力、外向、嫻熟社交，這些是多數都非常樂見的特質……幾乎在每一種文化裡，信心都和能力畫上等號。

我們自動假設有自信的人比較有能力或比較有才華，或者，換句話說，我們假設失衡的人很平衡。查莫洛－普雷謬齊克指出：

> 有能力的人通常很有自信，但有自信的人通常不見得有能力，他們善於隱藏無能與不安……大部分時候他們都在自欺，從而認為自己比實際上來的好。

他指出，過度自信的問題始於失衡的招聘與面試過程。組織設定的招聘流程無法確認能力，因為很多領導技能難以獨立評估。流程的目標是評估應徵者的能力，但用來評估的方法或途徑通常是看對方是否有自信。走這樣的路線，得到的結果是無法精準評估對方的能力。舉例來說，面試時表現很好、應該會很出色的應徵者，實際上只是在面談過程中收服了面試官而已。查莫洛－普雷謬齊克說，人們要理解，面談的主要目標是發掘對方是否適任，面試官不應太過在乎應徵者是否有自信，因為，以自信為憑，很可能僅代表我們非常渴望相信對方是符合我們所承襲傳統模式下的領導者。

謙恭或許是一個更好的能力指標，因為謙恭是認清事實，也有助於讓自己時時體認到缺點和弱點，這也會帶動自我精進。所有心理學的研究證據都指出，謙恭會讓領導者更可親。結論就是，當旁人認為領導者展現出來的領導優於領導者自認的程度，這樣才叫領導。

想像這個世界上選擇醫師、老師、工程師或飛行員時根據的標準都是對方是否自信，而不看實際的能力，那會如何。如果我們不停止用自不自信、改用有沒有能力來選擇領導者，各種和平衡有關的問題就會繼續存在。

查莫洛－普雷謬齊克相信，這種思維模式會給女性製造更多難題，女性在這些領域通常比男性更謙虛，也更有能力。講到性別差異的辯證，他說，問題不是女性沒有自信，而是男性自信過了頭。

他說，我們用來評估男性的標準與評估女性不同。他指出，當男性讓人覺得有自信、甚至傲慢時，我們會假設此人很擅長他所做的事，我們說這樣的人很有魅力。當女性有同樣的行為表現時：

……我們通常認為她們精神不正常，或者把她們當成對社會或組織的威脅。社會懲罰女性展現的自信，但獎勵男性身上的自信，這只會強化了性別之間的天生差異。

他說管理階層性別比率失衡的原因，是因為我們無法區分自信和能力的差異。如果是這樣的話，我們就大可放過男性，不能說這全是男人造成的問題。

這也合理，但如果領導環境非常偏向分析性思維，僅依附在男性的思考流程思維，那會如何？男性會不會因為自己更偏向短期、數據導向，就認為自己比女性更聰明？傲慢和過度自信，與領導才能之間呈負相關。領導能力有很多關乎的是要如何打造與維持高績效團隊，讓跟隨者把個人的盤算放在一邊，為了群體的共同利益而努力。

查莫洛－普雷謬齊克的研究得出的結論之一，是光是男性思維，可能就會造成失衡，因為這會導向更偏重分析、更短期、著眼於戰術、傲慢、操弄、傾向冒險與引發爭議分裂的思維。

有溝通，但沒對話——在以人為本的流程中不見平衡

艾力克斯・比爾得（Alex Beard）在《天生學習者》（*Natural Born Learners*）中寫過一段話：[69]

這個時代我們必須展現更多人本能力，比方說同理、創意和社交能力，而且讓人憂心的是，未來還需要更多其他能力，例如毅力、決心和韌性。如今心理問題已蔚為流行，我們都生活在這樣的陰影下。二〇一六年，英國十六歲到二十四歲的年輕人有七分之一都有心理疾病（焦慮、憂鬱，以及恐慌症、恐懼症或強迫症）。世界衛生組織（World Health Organization）預估，目前全球有四・五億的人有心理失調的問題，四分之一的人曾在某個時間點飽受心理疾病之苦。如今，要很強的人才能夠保持清醒，更別說要活的好了。

美國高中老師保羅・巴維爾（Paul Barnwell）投書到《大西洋》（*The Atlantic*）雜誌，他寫道：[70]「我理解到，對話能力可能是最被忽略的一項能力，我們並沒有好好教會學生。」沒有對話，代表沒有協商。沒有協商的能力，沒有解決情緒問題的能力，沒有傾聽對方觀點的能力。

下一代領導者他們不知如何傾聽，也不知如何對話，這可能是他們面臨的最大問題。美國前總統卡爾文・柯立芝（Calvin Coolidge）說：「沒有人因為傾聽而丟了工作。」[71]如果年輕一輩不知如何傾聽，他們就無法進行對話，也就無法領導。面對面的對話很重要；別人無法靠表情符號就讀懂你，你也無法讀懂對方。

來自外界的溝通訊息量極大，讓我們分心，或沒興趣去判讀身邊最親近的人所表現出來的微妙人類行為信號。我們接收來自遠方的大量訊息，卻對近身信號視而不見，兩者之間少了平衡。

提出這套論據本質的人，是牛津大學萬靈學院（All Souls College, Oxford）的經濟系榮譽教授阿夫納・奧費爾（Avner Offer），他說：「新的東西流動速度快，我們要有高度的決心與自律，才能確保不會因為追求短期的愉悅而犧牲了長期的幸福。」[72]艾力克斯・比爾得在寫到美國的「知識即是力量方案」（Knowledge is Power Program, KIPP）時（譯註：

KIPP 學校是美國的一個理念學校體系，為公辦民營的特許學校體系），就講到了一些在傳統學校中不受重視的特質。[73] 在每一間 KIPP 學校教室的牆上都寫著：自制（Self-control）、堅毅（Grit）、樂觀（Optimism）、社交智慧（Social Intelligence）、感恩（Gratitude）、好奇（Curiosity）和熱情（Zest）。這或許指向了要創造另一個人格分數和學業分數都同樣重要的世界。

這裡還有一個問題。我們還沒解釋，為何女性幾乎在學校每一個階段表現都超越男性，但日後到了職場在領導與薪資成就上卻落後男性？這是不是因為成人世界向來對女性有偏見、但是這種偏見並沒有套用在女孩身上？我們之後會更深入討論這一點。

霧中迷途

就像以上所提到的，如今失衡的並不是單一面向；如果是的話，那就容易矯正了。這裡的挑戰是，很多本來平衡的坐標軸都亂了。

過去二十五年來，全球領導文化的坐標軸發生變化；過去的世界絕大多數都是男性、異性戀、有耐性、可預測、著重事實、有規劃、白人、長期、西方導向、借重科技、通縮、結構分明、偏向理性左腦、大眾廣播、由上而下、軍力對稱。

如今，領導者要施展領導的環境變成一個顛倒、不真實、是非不分、沒耐性、通膨、自私、精神、不理性、性別有流動性、性向多元、策略性走多個極端、各地紛紛冒出頭、由下而上、資訊爆炸、多種族、雌雄莫辨、流動、自以為是、快速變動、不對稱的世界。

領導者完全沒有準備好在這些條件下領導。很多領導者都是憑著專業與研讀管理或商學爬到高位，這些都和領導無關，訓練課程也都不是在快速變動的條件下進行。管理課程是一系列的靜態探討，領導則是現場直播。

在資訊過度負載、過度刺激的時代，我們卻必須面對真相可能很無趣的事實。但我們不希望自己的訊息充斥著無趣事實，因此，一個以編造故事為目的的產業便蓬勃發展，而且這還不是新東西；從凱撒報告高盧戰爭（Gallic Wars）戰況以來就有了，差別是，現在的規模很大，而且可自動生成。

這裡最重要的一課是，要把量衡高，會引發鄙視不在乎、浪費和誤用；這個道理適用於任何自然資源，但以資訊來說也成立。在現今環境下的領導者還是需要有一套說法（根據資訊建構），而且還要跟其他說法（很可能根據錯誤的資訊建構）一較高下，問題是，收取訊息的人通常會收到多種複雜的說法，他們很難判別。他們有可能選擇最容易理解的、最常聽到別人說的，或講起來最有吸引力的，或者，更好的是，三者兼具。

不僅資訊有問題，如今，意見也更容易傳播了。在這部分，古老的規則仍適用：半瓶水響叮噹。這會給人們製造信任問題，因為意見可能並不是事實，而只是一種考量。

領導者受到檢核時，展現出「我不知道」、「我不確定」或「感覺不太對」等囁嚅行為會顯得很軟弱，面對質疑時，他們不得不表現得更肯定一點，這是一種很自然的反應。他們得明確表態，在迷霧中凸顯自己的旗幟，並在之後跟著整艘船共存亡（借用航海的比喻）。

缺少質化評量標準

以評估領導來說，最重要議題應該算是我們使用什麼指標。領導者是不是成功，通常會以他們掌理企業的規模、大小與主導性來評量。當然，用對顧客與同事之間的關係來看是否成功也很重要，但一般假設，財務上成功了，這些面向也就成功了。成功領導的範例永遠關乎誰有了什麼成果，而不去看哪些人具備會成功的態度。後者是更確定的長期成功指標，比一次性的成就更好用。

丹尼爾・品克（Daniel Pink）在《動機，單純的力量》（*Drive*）[74]裡講到，在奧運上先贏得銀牌再贏得金牌的人，比較可能持續贏得金牌，背後理由是，成為輸家第一名提供了相當強力的動機，讓他們下一次要贏回來。奧運的口號是更快、更高、更強（Citius, Altius, Fortius），比賽的模式與座右銘講求的是個人追求頂尖，這是體能界的衡量標準。

我們並沒有可以讓人信服的方法來衡量組織裡的快樂、公平、合作或信念，但，這些都是領導的象徵。我們也沒有辦法衡量團隊的合作，比方說，交響樂的協調程度便難以衡量。我們可以衡量天賦，但顯然無法計算快樂。

馬修・柯勞佛（Matthew Crawford）寫了一本書探討需要實際動手做的工作，他針對美國說的「小店手藝」（shop craft）提了一些很有趣的觀點。[75]身為一個具有學術天分的人，他的故事凸顯了一點：當他用雙手去做事，成為熱愛摩托車引擎的發燒客，某種程度上系統將他視為一個失敗的人。這代表了在學術上有成就才是唯一正統的「成功」王道。但，用這樣的觀點看事情，卻代表了精神面的大大失敗。為什麼會這樣？柯勞佛當然有權利去做他喜歡做的事，像是喜歡修東西。然而，在他受教育的過程中，他想要用自己的人生去做什麼的個人選擇顯然被忽略，沒有人在乎。

缺乏角色典範

贏家怎麼會變成輸家？是因為先由各級中小學、之後再透過大學確立的標準行為日後變樣了嗎？是因為定義成功的人根據的標準是他們自己的「成功」經驗嗎？在這裡就訂出了規範，得勢者說了算，其他人都必須被強行套入規範當中。

學校是「標準答案只有一個，書後面的解答就是真理」這種思考派別的強力代表。這種教育無法幫助任何人做好準備，去面對領導者要面對的各式各樣矛盾。學術上成就重要還是快樂重要？許多學校教育排課的目標都不會寫到希望教育幫助學子做好準備，成為一個快樂的人。

這樣的情況為何不曾改變？對抗學校體系很難，你會發現老師、學生和其他父母會用一個很強力的理由來反對你。如果你想改變體系，希望能創造一個可能讓孩子快樂的未來，你會遭到攻擊，而且，這種攻擊的論點就是指稱你的孩子在學業表現上不理想，因此不會成功。這樣一來，我們又繞回原點了。

「我的孩子必須體驗我體驗過的事物」也是一股很強大的反變革力量。「我有學位，所以你也必須要有學位，這樣你才能學到過生活必備的技能」，這種話把人生講成一種不得不忍受的東西，很難成為創造幸福團隊的好典範。

此外，會出現這種情況，有沒有可能也是因為學校體系通常都要努力滿足由其他「離地」[76]思維者訂出的全國性考量？如果有人不想「離開本地」去上大學，這是不是就代表他們是在地人？同樣的，有沒有可能比起渴望離地，留在當地更是與失敗畫上等號？

我們創造出僅有標準答案的教育體系。在這套系統裡，思考勝過感受。

哲學是終點，而不是工具

大學成為研究哲學而不是實踐哲學的地方，這是一種很奇特的現象。資訊時代給了我們更多分析與指標，我們學到了如果有什麼什麼東西很微妙或很曖昧，就不要相信。舉例來說，我們來談談聖奧古斯丁（St Augustine）所說的每個人心裡都有一個「上帝造成的缺口」是什麼意思，又有何意義。他說，在一些最有雄心壯志、最奮發且最成功的領導者心裡都有一個缺口，再多的財富、肯定與地位都填不滿。他要說的是，如果我們要用身外之物放進心裡的缺口，並不能填補缺憾，這是因為那些東西無法滿足我們內心或靈魂的精神需求。就因為這樣，我們創造出僅有標準答案的教育體系。在這套系統裡，思考勝過感受；在這裡，思考很清晰但感受不受信任。速度受到高度重視，被譽為有效率，但有耐心等等特質則被劃入「輸家」範疇。在這裡，財務成就比其他領導面相獲得更多重視，犧牲在地性與地方性（就連用詞通常都充滿貶抑）以助長全國性與全球性思維。每一件事都要受到衡量與評分，但奇怪的是，幸福不幸福完全變成很次要的考量。

摘要

我們在生活中每一個面向都看到領導的失敗。教會、慈善機構、娛樂圈、政治界和商界的醜聞多到破紀錄，領導失敗也引發了二〇〇七到二〇〇九年的金融崩盤，大大衝擊整個經濟。我們的領導者都受過良好的教育、經驗豐富而且具備一定的學術資格，為什麼還會有這種事？他們更不乏資料來源。以所有公認的標準來說，領導者每一方面都合格，但，領導還是失敗了。這清楚指向我們針對領導所提供的教育與所做的準備出了問題。這些領導者受了教育，但沒有想像力。

失敗的領導造成了長達十年的傷害，但，大致上來說，做錯事的人並未受到懲罰。一場金融危機光是財務上的成本就高達二十二兆美元，情緒上與精神上的成本更可觀。這引發了高漲的怒氣，進一步損害了人們對領導的信心，而且持續至今。

所有領導失敗中的共同因素，是以不道德行為具體表現出來的嚴重失衡，形式包括貪婪、短視近利與魯莽的過度自信，在中年、有經驗、符合資格的男性身上尤其明顯。諷刺的是，這一小群人的嚴重過度自信導致很多其他人沒有信心與覺得不安全。

雖然我們在十年後才用後見之明看清楚問題，但其實這些問題都了無新意。我們的傳承、文化和歷史，在在講的都是人們努力追求平衡的故事。接下來，我們要把眼光放遠，檢視與探討無限挑戰的概念：在正向與負向的標準中都維持在零值，保持平衡。

第2章

圓與零

什麼叫平衡的歷史？零的概念有何意義？歷史傳承給我們哪些意象和象徵？更高階的精神主義是否能發揮任何作用，串連起領導與愛？質化評估為何重要？這會讓世界有何不同？

我們一無所有地來到這個世界，也將兩手空空離開。我們的生活中插入了很多零。零也是一個符號。

多數的宗教文本都是這麼說的。打從蘇美人的美索不達米亞文化開始，人就有了零的概念。但，我們很難理解有雙重意義的事物，這是因為我們受到的訓練要我們從分析性、數學性的角度來看這個世界，我們一看到零，想到的就是空、沒有價值、什麼都沒有。然而，如果我們回頭看歷史，會看到很多代表零的符號保留了更深刻的意義。

零是圓的，可以代表無窮無盡，包含一切。愛同樣也是無窮盡，無所不包。歐基里德（Euclid）的第一公理就說，如果有兩個東西分別等於另一個東西，那麼，這兩者也彼此相等。如果零代表了無窮盡以及無所不包，而愛也是，那麼，零也就是愛，都是一種有無窮盡可能性的狀態。

愛與領導又有何干？

在董事會或內閣會議中講到愛這個字，肯定會讓人冷汗直流。愛和領導有何干？我們的答案是：息息相關。領導的某些問題，可以回溯到沒有把愛放進來。帶著私心行事的領導者、心裡不關心他人的領導者，所作所為都不是以愛為出發點。少了對他人的愛就很難超越，難以把零變成有無窮盡可能的起點。

當我們找到公式，就可以把本來的無轉化成真正重要且有價值的事物。如果說，魔法[1]的定義是「利用神祕或超自然力量明顯影響事件的力量」，那麼，我們要主張的是，能將今日噩夢轉化成明日美夢的神祕力量確實存在。

這麼說吧，馬丁・路德・金恩是怎樣扭轉美國社會的？他說：「我有一個夢。」甘地（Gandhi）如何扭轉印度，成為獨立的國家？他說：「你可溫柔地搖撼這個世界。」這裡的神祕力量是愛：愛他人，而不是愛上領導這件事。因為這樣，這些想法當中才有了魔法，這些是難以言喻、但馬上就可以理解的人間條件本質。

魔法

一脫離邏輯與熟悉，我們通常就變得焦慮、猜疑。現在，我們以其他名字來稱呼魔法，這會讓我們比較自在一些。我們會問：有

在董事會或內閣會議中講到愛這個字，肯定會讓人冷汗直流。

什麼「獨門祕方」能讓一家公司或一個國家表現優於其他？某種程度上，我們會覺得有魔法祕方這個想法很讓人安心，比方說可口可樂（Coca-Cola）有特別配方、大麥克（Big Mac）有特調醬汁，或者不丹發展出特殊的「幸福指數」。我們希望量化愛與魔法，並加上邏輯，但是，這些很難利用分析工具去掌握其本質。

然而我們都知道，**非常成功的領導模型都是以愛為基礎**，就看看紐西蘭著名的國家橄欖球代表隊黑衫軍（All Blacks）吧，他們幾十年來橫掃全球橄欖球界。他們的領導模式，是以隊友的愛為基礎，永遠都把所有隊友當成一家人。黑衫軍把他們的信念表現在對球隊象徵物的愛上，比方說球衣，他們永遠努力把球衣「放在更好的地方」；還有哈卡舞（Haka dance），他們跳哈卡舞以彰顯團隊的自豪、團結與代代相傳的歷史。軍事領導者也一直說他們的領導模式永遠以愛為本。要成為美國海軍海豹隊員（Navy SEAL），光是撐過嚴格考驗體能的訓練和「地獄週」是不夠的，[2]更必須展現願意冒著生命危險去拯救隊友的決心，對他人生命的愛必須超過對自己。但這也還不夠。一個人要成功，必須把對團隊或社群的愛放在個人利益之前。一位前海豹隊員寫了一本書，他在書中解釋了為何愛是決定徵選者能否成為海豹隊員的魔法要素：[3]

就算很痛苦，面對嚴苛的生死考驗，他們也有能力踏出自身的痛苦，把自己的恐懼放在一邊，並問：我要如何幫助旁邊的人，他們具備的不只是勇氣的「拳頭」與體能上的力量，他們也有一顆寬宏的心，會想到別人，會現生於更高貴的使命。

但這位前海豹隊員作者埃瑞克・格雷滕斯（Eric Greitens）爆發性醜聞，很可能遭到彈劾，最後不得辭去密蘇里州長一職。他有想到密蘇里州、他的選民或是據稱攻擊他的人有什麼需求嗎？他有沒有能力把別人或是社群的需求放在自己的前面？有。那他為什麼沒有做？是失衡嗎？這就是我們現在要討論的領導問題，這也是一個很古老的問題。

我們現在講的這個概念，是很多宗教的核心，就以佛教為例。釋迦摩尼佛出生時是印度某個地區國王的兒子，名叫悉達多・喬達摩（Siddhārtha Gautama），比基督早了五百年。雖然他很富裕，但是他為了研究宗教而放棄了身外之物。他必須剝奪自己，直到他一無所有，變成「零」的大師。他的核心信念基礎是，絕對不要用反對、批評、勸哄、否定或爭辯來和其他人辯論或試著說服對方。佛教的信念是，世上任何事物都不是絕對的，任何主題都無所謂對與錯、好與壞、左派或右派，一切都充滿可能。很多創業型的領導者很熟悉這種取向，用這種方法來面對情境、地方與人。這基本上就是領導的「魔法」。

為什麼我們要思考這個面向？因為領導階層一直假設這世界是一個零和賽局。他們努力贏得選舉、在股市裡表現出色、在社群裡創造出結果，在此同時也做出背德且製造出悲劇的行為。

我們看到糟糕的領導俯拾即是，單一領導者的故事並無法適當地解釋問題到底出在哪裡。重點不在於哈維・溫斯坦（Harvey Weinstein）做了什麼，不是福斯汽車（Volkswagen）原本應該講清楚廢氣排放的狀況、而不是對大眾說謊，也不是天主教會不應該隱瞞性侵事件。問題是系統性的，涵蓋所有領導、所有機構、所有文化與所有地區。問題是，現代人很執著地認為完美無缺的領導者確實存在，我們只要找到這些人就好。問題是，領導者並沒有通盤思考他們在社會中要扮演什麼角色。我們不該再認為這是一個狗咬狗的零和世界，永遠值得不擇手段去贏，反之，我們需要領導者看到零領導會讓我們更好。這不代表不要領導，而是指我們需要的領導要能平衡正面與負面、平衡各方面的競爭力量、平衡各種互相衝突的目標與利益。能展現這種領導作為的人，我們稱之為「無窮盡領導者」。

問題是，現代人很執著地認為完美無缺的領導者確實存在，我們只要找到這些人就好。

「無」的概念源自於東亞文化，在日文裡會以「空」字來表達，這個字可以代表「天空」、「空無」或「空虛」。數學上的零，最早約在西元六五〇年的印度發展出來，被視為代表複雜計算中「什麼都沒有」，但最早用來代表零的說法是梵文所說的「舜若」（sunya），這個概念來自於印度哲學，用來描述「空虛」、「空無」或「天空」。說起來，這些早期的概念都很相似。零在印度以「明點」（Bindu）來表現，這是一個實心圓點，出自於瑜珈練習時的一種心理狀態。在這個點上，心超越了一切，所有經驗合而為一。實心點的零被視為所有事物出現的起點，這是一個充滿無窮無盡可能性的地方。零是無窮盡的鏡像。說到底，如果你把零除以零再除以零，你得到的還是零，這可以繼續下去直到無窮無盡。

零是超越，是無窮盡，不是思維也不是作為，是完全的平衡。從字面上來看，零什麼都不是，零也是一切。零不只是個數字而已，也是代表可能性起點的符號。我們可以說，如果我們學會從無中生有，就可以得到更好的領導者與更好的社會。領導者不用獨自摸索著去做。我們每一個人，不管是想要剛剛好就好還是努力要超越的人，都要扮演某個角色，幫忙營造出條件以利於建構更好的社會。領導不會單獨出現，我們都是領導流程中的一部分，在接受領導的同時也都要發揮一定的力量。如今，經濟體中每一個部分與社會中每一個角落的領導都持續出現危機，真的需要做出改變。我們需要大跳躍，用不同的方式成為領導者，並用不同的方式選出由誰領導我們。

零不只是一個數字，零也是一個代表無限可能的古老象徵，零是無窮盡的姊妹，零是目標。無窮盡領導者，指的是能以最大的平衡領導、並創造出條件超越限制的領導人。無窮盡領導者會在其他人認為不可能時看到可能。最好的領導者永遠都這麼做。

圓

埃及人和希臘人把幾何圖形當成數學符號使用，但更早之前，幾千年來，這些圖形向來是人類宗教符號系統的一部分。畢達哥拉斯（Pythagoras）認為，幾何是以理性來理解神、人和自然。

圓形是最古老的符號之一，通常代表一體、完整與無限。畢達哥拉斯把圓稱為「單子」（monad）；在天體演化學裡，單子指的是最高的存在、神聖或一切的總和。在禪宗佛學裡，圓代表了開悟以及完全與最根本的哲理合為一體。圓有時候是猶太－基督教與聖潔的符號，以光環的樣子出現。圓形有時也被視為保護的符號。在神祕學儀式裡，站在圓內的人可以避開超自然的危害或外界的影響力，也就是說，圓形是有魔法的形狀。領導者也有「內圈」。《象徵主義的定義》（*Dictionary of Symbolism*）[4]是一本由愛麗森・波塔斯（Allison Protas）、吉歐夫・布朗（Geoff Brown）、潔美・史密斯（Jamie Smith）和艾瑞克・賈佛（Eric Jaffe）等密西根大學（University of Michigan）[5]學者合撰的書，在書中講到的圓形是：

> 一個富含延伸意義的普世通用符號，代表全部、完整、原創完美、自我、無限、永恆、不受時間影響、所有周期性運動、上帝。是太陽，就是陽剛的力量；是靈魂或循環流動的水，則是陰柔母性的起源。圓隱含了律動的概念，代表時間的循環、一切會動事物的永恆運動、圍繞著太陽的行星運動（黃道帶圈）、宇宙的偉大韻律。

零是一個圓形的符號。曼努埃爾・利馬（Manuel Lima）在《圓之書》（*Book of Circles*）[6]裡講的很生動，他說整部圓形歷史就代表了「一體和完整、律動和循環、永遠和永恆」。圓形是簡化、完美與平衡的符號。我們的組織原則，是以圓形為核心打造強大的架構與概念。

當我們切分這個以圓形為基本概念的符號，就會看到代表平衡的陰與陽（見圖2.1）。

如果我們複製圓形符號，就會看到我們一直以來仰賴的諸多概念性工具來自哪裡。比方說，用重疊的圓形就可以畫出文氏圖（Venn diagram）。

很多成功品牌的標誌外面都有一個圓形，這並不是巧合，因為圓形代表信任。以圓形為基礎的設計，同樣傳達了無限與信任的訊息。

《快速公司》（*Fast Company*）雜誌裡有一篇文章「公司標誌的形狀為何重要」（Why the shape of a company's logo matters）[7]，作者安妮・斯妮德（Annie Sneed）研究企業標誌的形狀。形狀有很重要的共鳴效應，寶寶看到的第一個形狀，是媽媽的圓形眼睛。研究指出，消費者愈是喜愛某個品牌，愈會去看品牌的標誌。歐洲工商管理學院（INSEAD）的行銷教授阿米塔瓦・查托帕耶（Amitava

圖 2.1　陰與陽

Chattopadhyay）根據過去的研究結論，認為就連像標誌整體形狀這種簡單的小事，都可能改變人們對於企業的感覺。他說，人會把圓形連結到柔軟、舒服的事物上，把角形連結到堅硬、剛毅的事物上：

> 如果你曾經思考過，就會發現一般來說圓形代表通常比較柔軟的物品，比方說是球、枕頭、墊子，角形則是磚塊、桌子和刀子等通常比較堅硬耐用的東西。這些相關性很可能是長時間累積後才成形的，我們就是這樣看待世界。[8]

有些研究指出，消費者認為以圓形為品牌標誌的鞋子比較舒服，有些則說企業標誌為圓形的航空公司被視為比較能敏銳體察消費者。圓形標誌描繪了安全、持續與保護。

想一想白宮的橢圓辦公室（Oval Office），想一想很多國家國會使用的圓桌。想一想一些現代的經典建築，比方說名為圈圈（Ring）的蘋果公司總部，還有被稱為甜甜圈（Doughnut）的英國情報單位政府通信總部（GCHQ），想一想佇立在倫敦南岸的大型摩天輪千禧之輪（Millennium Wheel）。想一想三位一體（Holy Trinity）、曼陀羅（mandala；曼陀羅在梵文裡就是圓形的意思）、標靶、羅馬競技場、希臘神廟、地球這顆行星（以及地球的運轉）、體育場館和托爾金故事裡的魔戒。這些都是以圓形符號為基礎。我們在分析上多半把圓形簡化成數字零，無法體認到圓形裡原本蘊含的力量。圓形創造出輪轉，是代表創造性力道的強大符號。一個人眼中的零，是另一個人眼中的永恆生命符號，就像是銜尾蛇（ouroboro）一樣。銜尾蛇是一種會吃掉自己尾巴的蛇，蛻去自我，轉變成新的東西。有人看到的圓形是法輪（Wheel of Dharma），代表了把佛陀的訓諭整合在一起的能力。圓形是圓相（ensō），代表了禪定的狀態。零的概念意義非常深遠，佛教徒全心投入，遵循零的原則。

圓形的特質

圓形的零，傳達出很多特質。知名的藝評家拉斯金（Ruskin）說，藝術世界裡的圓型必然代表六件事；一體、無限、安歇、對稱、純粹和適度。無論是古代還是現代，圓形都是穩定的基礎，比方說希臘神廟，還有比較現代的架構如巴克敏斯特·富勒的巴克球（buckyball），也稱為富勒烯（fullerene）。不同的碳原子投過共價鏈（covalent bond）與其他碳原子相連，便組成了巴克球，其結構就像足球上會看到的六角形或五角形，這也就是古希臘人所知的球面架構。

人類的指南工具都是以圓形符號為基礎。想一想日晷、指南針、星盤、地球儀、黃道帶、時間周期的概念，甚至還有麥卡托投影地圖（Mercator map），這種地圖的根據便是圓柱形組態設定投影。零是靶心，也是每一種從無迴旋到有的事物的起點。數值比例很漂亮的通用常數 π，不過就是圓周除以直徑，但這撐起了世界上一切事物的架構。

你可以把零想成平衡點或是圖形的原點。零不一定要在圖的左下方，也可以置中，比方說笛卡兒坐標系。這樣一來，零就變成了要與不要之間的樞紐點，變成了無窮盡。

零是惡魔

整個零的概念替哲學家帶來很多問題，對神學家來說亦同。《聖經》的〈創世紀〉裡就說了：

> 起初，神創造天地。地是空虛混沌，淵面黑暗；神的靈運行在水面上。神說：要有光，就有了光。神看光是好的，就把光暗分開了。

這段話暗指在神出現之前，什麼都沒有，當然，那也就是無窮盡。就因為這樣，猶太－基督教會卡在零的概念上。零變成惡魔的同義詞，或者說代表了包括神在內的一切都不存在。希臘人的算術也迴避零，因為他們做計算（微積分〔calculus〕這個詞的原意是小石頭，早期的算盤上使用小石頭計數）是為了衡量土地或領域，空間沒有負值，因此他們排除了這個概念。

這些和領導有何關係？現代的我們，在領導上做選擇時多數人根據的是過去的信心和文化。以西方世界來說，主流仍是猶太－基督教模型。基督教給了我們一種假信念：有一個人（通常是男人）會知道全部的答案，比方說耶穌基督或史帝夫・賈伯斯（Steve Jobs），比方說摩西或是伊隆・馬斯克（Elon Musk）。更往回看一點，會發現我們用來指稱領導者的用語，例如波斯君主沙阿（Shah）、俄國君主沙皇（Czar）和德國君主皇帝（Kaiser），都源自於拉丁文中的凱撒（Caesar）：一位戰無不勝的大英雄。

在中國、日本、亞洲和非洲某些地方以及整個中東，人們都相信如果由一個人負責的話，這個世界運作的最好。現代常聽到有人很欣賞「強人政治」取向的領導，很多人相信民主不會成功，中央集權與威權體制會愈來愈多。這是因為我們還是遵循有一個完美無缺的人的想法，相信他會有萬靈丹解決我們所有的痛苦。就算他有弱點，我們還是跟著；事實上，我們很可能就是因為他有弱點才跟著。我們接受虛張聲勢逞能，推舉最先發言而且講得最大聲的人。格瑞格・莫瑞（Gregg Murray）[9]在《今日心理學》（*Psychology Today*）雜誌中的一篇文章裡指出，研究顯示，我們喜愛的領導者是高大、健壯且聲音宏亮的人。我們一直面臨處於領導地位的人通常在道德上很有瑕疵而且判斷力不佳等問題，可能和這一點大有關係。

近年來，從企業、教會到社區，幾乎社會上每一個角落都發生了領導危機問題，也大大損害了人民對於制度和領導的信心。我們太過相信世間有超人，但一直以來都沒有看到此人現身，因而失去了信心，整個社會也出現了危機。這和我們選擇領導者的方法有關，這也和領導者接下大權時仍心懷自身的利益、而且不太考慮他們的所作所為對於別人會造成哪些後果有關。

領導影響一切。每個人、每個組織、每個運動隊伍、每個政治體系、每個宗教、每個交響樂團、每個社群甚至每個家庭，都有領導者，領導無所不在，但從不曾像現在這麼不受倚重。為什麼會這樣？為什麼領導者看不到跟隨著他們的我們？為什麼我們當中很少有人親身感受到什麼叫領導？這個世界到底發生了什麼變化，才讓領導如此罕見卻又如此炙手可熱？領導是什麼？為何領導被認為是僅屬於少數人的專利，與多數人無關？在上位的人會為了自己的位置擔心嗎？他們就是因為這樣才不願意傳授領導祕訣嗎？是因為目前的領導者表現出來的行為像是他們天生就有權利領導嗎？如果是這樣，那就不是領導。

我們為何不在中小學校裡教領導？我們是不是太忙著教孩子們答案只有對和錯兩種？在教領導時，我們為何會把這和企業管理混為一談？這兩者一樣嗎？為何我們不斷地分析與衡量工作的每一個面向？我們為何不信任幸福和滿足？是因為這兩者無法衡量嗎？技能的熟練度與學歷無法決定領導，光靠核心職能當然也沒辦法，如果可以的話，那每一個交響樂團都會交給最出色的獨奏家了。

在教領導時，我們為何會把這和企業管理混為一談？

摘要

幾世紀以來，平衡的觀念與追求平衡都是人類思維的核心，一直也是制度性宗教與文化的核心，也被視為是可以創造智慧與永續的目標。就算制度性宗教對於領導思維的影響愈來愈式微，也不代表我們應該就此拋棄某些最重要的教義。

和平衡有關的符號通常是圓形，很可能是因為這是一個會自然出現的形狀。舉例來說，嬰兒看媽媽的眼睛時就會看到圓形的虹膜。圓形一直用來代表一體、無限、安歇、對稱、純粹和適度，正因如此，很多家族品牌的標誌都是圓形的。零也是圓形的，很多文明裡都使用圓形來代表無限或平衡，比方陰陽的圖形。圓形也被用來代表惡魔。

顯然，幾世紀以來我們都知道平衡很重要，人類的歷史就是在追求平衡。我們可以在信仰與科學、傳統與現代之間的掙扎看到這一點。無論怎麼看，平衡的概念都很重要。接下來，我們要檢視在領導時以追求更高的效率為重，以及我們所使用的分析、科學、化約等領導技巧。這完全不叫平衡的取向，我們會看到，這是一種新的失衡。

第3章

現有的領導模型

傳統領導模型如何助長失衡？追求效率如何改變我們對領導任務的理解？我們可以更精準地調整回到平衡嗎？會自動調整嗎？我們如何運用自己的理解來達成更平衡的狀態？

我們在《領導實驗室》裡講到，我們相信，要尋找確定性，只能從平庸當中去找。當然，這個概念就像其他所有概念一樣，完全不是原創，笛卡兒又一次搶了第一：

> 如果你要成為真正追尋真相的人，那你的人生中至少必然有過一刻對所有事情感到疑惑，愈多愈好。疑惑是智慧的源頭。

笛卡兒是法國人，但在荷蘭度過大半人生，他的人生裡遇到過很多諷刺與二元對立。他是數學家也是哲學家，最有名的是他講過的那句話「我思故我在」（cogito ergo sum），以及提出笛卡兒坐標系，後者也是本書的根基。這句名言的完整版是在「cogito ergo sum」還有一個字「dubito」，意思是「我疑」，所以整句話應該是「我疑故我思故我在」。笛卡兒的重點是，會懷疑自我的存在，正是證明了人的心智真實存在：心智必須思考，才能體現其存在，才是真實的。這句話也點出了謙恭，謙恭是重要的領導特質。

不太理性

理性領導者在私生活中也有感性、很荒謬的面向，通常都是這樣。具有某種極端能力的人，為了維持內在的穩定，通常就會排擠其他能力。愈是往某個方向發展，另一邊的反應就會愈強烈，我們可以用一個很奇特的故事來說明。一六三五年，笛卡兒和女僕海蓮娜·楊（Hélène Jans）生下了女兒，取名法蘭馨（Francine）。他違抗了當時的道德標準，和妻女生活在一起。法蘭馨後來得了猩紅熱，五歲那年過世。笛卡兒萬分悲慟，靠著打造出複製女兒樣貌的機器人偶來安慰自己。上了發條的機器人娃娃「睡」在他床邊的小箱子裡，跟著他去各處旅行。他花了很多年的時間精進技巧，成為出色的鐘錶匠與機器玩具創作者。現在的機器人與人工智慧專家，都在研究他所做的這些早期自動化裝置。這個古早的機器人玩偶長伴他左右，直到一六四五年。這一年，瑞典的克莉絲蒂娜女王（Queen Christina）邀請他過來，一起討論這位理性主義思想家顯然很有想法的主題：「愛、恨與靈魂的熱情」。[1]旅程中，船員忍不住好奇心，結果弄倒了這個假娃娃。娃娃的栩栩如生讓他們很害怕，於是把娃娃丟進海裡，並指控笛卡兒會施妖法。請記住，那是一個會審判妖術的時代。笛卡兒承受不起失去娃娃的悲痛，六個月之後就過世了。這個故事讓我們看到，就連最知名的理性主義者，個性中也有感性、靈性的一面，而且深深渴望逝去的摯愛能真的陪在身旁。

零的重要

笛卡兒的例子說明了人生有理性也有感性，但後世都忘了他痛苦的感性人生，我們反而是讚揚他的理性思考過程。我們認為笛卡兒的哲學的意義是：如果我不思考，那我就不存在。那麼，根據這項設定，我們很難證明任何其他事物確實存在。這是說，人無法驗證「無」或「零」，因此我們不能確定這確實存在，因此沒有這種東西。

但，笛卡兒坐標系接受了零的存在，把零當成兩軸都會通過的原點，這是名目上的支點。笛卡兒發展這套模型時，這是一大突破。忽然之間，形狀就變成了圖表。[2]他的構想促成了一樁結合，得出了很多成果。希臘本來就有畢氏幾何模型與空間測量，現在可以加上阿拉伯的代數模型了。代數（algebra）的阿拉伯文「الجبر」，意指「重新合併拆開來的部分」。代數與零之間的關係有多重要，無須多說。代數讓我們能找到未知數，舉例來說，如果：

$2x + 1 = 5$

那我們可以得到 x 等於 2。當然，「x」指的便是未知數。希臘傳統裡的零也是未知數，希臘人根本不用，他們的數學大致上以幾何為基礎，基本上來說，就是衡量土地。任何負值的概念對他們來說都很陌生，也不合邏輯。

但這樣的比喻很有意思。我們在尋找真正的領導時，很多人會提到一個「x」因素，這指的是神祕、無法碰觸的質化因素。當然，一旦我們踏入這個領域，就會刺激由大學訓練出來、以理性左腦為尊的批判能力……。

就讓我們來試試看。我們身邊就有很多神祕的事物，但我們仍如常與之共存，甚至可以接受這些事物很重要。就以愛為例。你可以研究愛、你可以分析愛，你可以讀遍每一本講愛的書，你可以用愛為主題寫一篇論文，但如果你從沒有體驗過愛，你如何能理解愛？

我們把兩種取向放在一起看。分析判斷的心智會問：你如何能知道自己陷入愛裡？有沒有什麼信號？有沒有什麼徵兆？你的心跳會比較快嗎？你的理性分析能力會退化嗎？別人看得出來嗎？他們怎麼知道？他們何時知情？發生什麼事？誰墜入愛河？為什麼？

但愛過的人都知道實際上的情況很不一樣。如果你愛了，你就不會問這些問題。愛不理性，並不遵循西方化約論的學術模型。愛無關乎判斷，愛不是區分也不是分析；愛不是「深入鑽研」，而是放眼看去。你不能用公理證明愛、你不能在法庭上證明愛，你不能選擇要愛上誰，也不能選擇在哪裡愛或何時愛。尋愛的人很少能找到愛，你沒辦法找到愛，是愛找到你。我們都喜歡認為自己可以掌控人生，但辦不到。你無法規劃人生，無法制定人生。愛不是選擇。如果你提出理性的問題，那抱歉，你並不在愛裡。如果你真的愛了，你只會發出一些無意義的聲音，但至少你可以說你懂愛了。

從科學觀點來看，笛卡兒坐標系和代數之間連了起來，是很讓人興奮的事。線的斜率，是水平或垂直的高度變化，水平面以 Δx 來表示，垂直面以 Δy 來表示。這麼一結合，就催生出了一個寶寶（也折磨了很多青少年）：微分。微分放在軍事上非常有意義，也用在牛頓物理學、原子理論和太空方案上。

還好，我們的模型裡用不到這麼複雜的東西。

以零為支點

在笛卡兒的觀念裡，還可以用另一種方法來解讀零。零不再是什麼都沒有，而是代表了一個支點，一個可以套用尺規的樞紐。這樣的零是中性、公正且不偏頗的。我們不是指領導做到這樣就可以了，應該說，至少要做到這樣。領導者應該要有熱情且能投入，但也必須公平且平衡。一個人的公平平衡，可能是另一個人的極端，那，我們在這裡要談的到底是什麼？我們要說的是，領導者應該努力成為團隊中最有彈性的人。這表示，他們是啦啦隊長，同時也是能深入鑽研的分析師；他們可以導向個別目標，但同時也可以聚焦在團隊上。

這也讓我們看到，真正的領導有可能可以在連續面上兩個極端之間疊加。這不是說他們應該變幻無常，而是說他們要能善用判斷連貫極端，同時也能回復到平衡。把這想成一張彈性網，領導人可以拉開一點以接納極端，同時又可以回到中心的原點、平衡點，重建團隊的規範。這是一項無窮無盡的工作，因為永遠都不會結束。

領導者應該要有熱情且能投入，但也必須公平且平衡。

◆我們需要另一套管理模型嗎？

領導模型千百種，全都在分析個別的領導任務。這就是問題：這些模型會做分析，但不檢視全局。結果是，管理模型很多，而且多數都在人類史上最科學、但最失衡的二十世紀這段期間發展出來。且讓我們來看一些管理模型，以理解它們在哪些地方出了問題。以下先來談談「三佛」。

◆佛德瑞克．溫斯洛．泰勒——科學管理理論

泰勒（Frederick Winslow Taylor）是一名機械工程師，他相信人類可以提升工作效率。一般認為是他發明了碼表時間研究（time and motion study）以及後來的人因工程學（ergonomics）。他的提高職場生產力理論，對工會來說是招募生力軍的利器。

泰勒的科學管理模型裡有四大原則：

1. 以科學研究任務得出適當的工作方法，取代以慣例與實務操作為導向的工作方法。
2. 以科學方法選擇、訓練與培養每一位員工，而不是任由他們被動地接受企業文化訓練。慣例和實務導向的工作方法便是靠著企業文化來傳播。
3. 詳細檢查與監督每位員工，確定科學方法持續發揮效果。這也催生出了大小事一把抓的管理模式。
4. 劃分工作並設計成官僚體制，讓經理人與勞工分屬不同單位。經理人應用科學管理原則來規劃工作，勞工則執行任務。

在這套模式裡，每一個員工都是一個單位，創造出可衡量的經濟價值。當工人開始痛恨全面性的評量，這套模型也毫無意外地開始崩壞，導致員工不信任管理階層，管理階層則總是根據誰做的最好來分派工作。佛列茲．朗（Fritz Lang）的《大都會》（*Metropolis*）、查理．卓別林（Charlie Chaplin）的《摩登時代》（*Modern Times*）和鮑爾丁兄弟（Boulting Brothers）的《傑克，我很好》（*I'm All Right Jack*）等電影裡都諷刺過這種模式。

◆佛德瑞克．赫茲伯格——保健因子和激勵因子

二十世紀有一位更開明的思想家佛德瑞克．赫茲伯格（Frederick Herzberg），這位心理學家對企業管理影響深遠。他是保健／激勵因子管理模型的原創人，也是第一個把樞紐理論放入模型核心的人。赫茲伯格把環境因子劃分為保健因子（hygiene）和激勵因子（motivating）兩種。

保健因子沒有激勵作用，但少了這些因子會讓人失去動力，這些因子很多，從乾淨的洗手間和舒服的辦公室座椅，到合理的薪資與工作穩定度都屬之。他說，保健因子包括「公司政策與行政、監管、人際關係、工作條件、薪水、地位和穩定度」。[3] 這說明了為何好的條

件不一定能讓員工滿意：他們把這些當作常態，也因此，保健因子能帶動的激勵效果大約也就是零。

激勵因子可以包括工作得到肯定、有可能升遷，甚至工作本身。赫茲伯格講到的激勵因子有「金錢導向、受到讚賞、競爭以及他人的影響，後者包括挑戰、享受、個人成長、興趣與自決」。[4]有了這些因素當然可以激勵員工，但骯髒的洗手間會讓人打退堂鼓。

他說保健因子是「外附」（extrinsic），是你預期會得到的外在事物。激勵因子則是你預期要得到的「外部」事物，但是因為那本來就很有意思或很享受，是一種內發的獎勵報償。

◆佛瑞德・菲德勒——權變管理理論

接著我們要介紹維也納的佛瑞德・菲德勒（Fred Fiedler），他是一位產業與組織心理學界的一流研究人員，提出了權變管理理論（contingency management theory）。菲德勒理論的基本概念是，有效的領導和領導人本身展現出來的特質直接相關。

菲德勒的偉大之處，是他說沒有一套每種情境與每個組織都適用的方法，反之，領導與架構會由三個一般性的變數決定：規模、層級和組織科技程度的不同。

在這套模型中，領導者必須根據特定情境改變領導風格。要做到這一點，需要流暢掌握情境的能力，把重點放在協調團隊，以利妥善地契合每一個專案和每一種情境。在這套理論下，說到底，沒有哪一種是最好的做事方法。而且重點並不是組織的大小，而是領導是否達到平衡。

除了這「三佛」之外，以下列出幾種其他理論。

◆學習型組織

這套理論強調協作，涵蓋了團隊合作、資訊分享與賦權。學習型組織（learning organization）概念的根本要素，是變化正在加速，因此，組織要能成功，關鍵的因素是組織能多快消化這些變化，而這要由組織學習的速度有多快來決定。

這讓我們來看比較現代的思想家，比方說彼得．聖吉（Peter Senge）。《哈佛商業評論》說他的書《第五項修練》（*The Fifth Discipline*）[5]是過去七十五年來的管理經典之一，他也被《企業策略期刊》（*Journal of Business Strategy*）譽為「本世界的策略專家」（Strategist of the Century）。

他得到這些讚譽實至名歸。他的概念是，太多企業永無止盡地去尋找可以帶來變革的英雄領導者。

聖吉的理論是，大多數推動變革的努力，都會因為過去體系的企業文化習慣製造出來的抗拒而受挫。啟動變革會碰上四大挑戰：

1. 必須要有動人的變革理由。
2. 變革必須要花時間。
3. 變革過程中必須要有人幫忙。
4. 當變革的障礙倒下，不應又出現新問題取而代之。

聖吉說，學習型組織會繼續學習以看清楚大局，只有能快速適應的人才能表現出眾。要成為學習型組織有兩個條件，第一，是要有能力把組織設計成和成果相對應；第二，是要有能力修正任何管理失當之處，讓變革創造出樂見的結果。

◆X理論與Y理論

道格拉斯・麥格雷戈（Douglas McGregor）在《企業的人性面》（*The Human Side of Enterprise*）[6]裡講到，在一個環境裡要激勵員工，可以透過權威指示與控制，也可以利用整合和自制，他把這兩者稱為X理論（Theory X）、也稱為「用力踢他們」（kick 'em hard），以及Y理論（Theory Y）、也稱為「吊著紅蘿蔔」（dangle the carrot）。

澳洲人對這套理論貢獻良多。主角艾爾頓．馬約（Elton Mayo）是一位澳洲臨床心理學家，他治療在一次大戰中罹患砲彈休克症（shell-shocked）的士兵。馬約改變環境條件來提高生產力，包括照明、溫度和休息時間，之後更改變他認為會對滿意度造成負面衝擊的變數，例如一天的工作時數。他注意到結果很矛盾，不管變好或變壞，員工的滿意度總是會提高。

馬約的結論很有啟發性。當員工得到更多關注，無論好壞，團隊的表現都會變好。他的人際關係理論（human relations theory）就是以此為基礎，這套理論說，社交因子可以激勵員工，比方說個人受到關注或者成為團隊的一分子。

環境的影響

把以上這些管理／領導模型串聯起來的因素，是當中的縱向要素。泰勒的模型幾乎完全控制了工作環境，控制意味了衡量。赫茲伯格的模型控制保健因子與激勵因子，同樣假設領導要施行高度控制。但當我們轉眼看向菲德勒，理論中就愈來愈認同領導要面對的不只是領導團隊而已，領導面臨的環境愈來愈難控制，因為顧客愈來愈敏銳，就需要更高的彈性。零時工作合約（zero-hours contract；譯註：雇主與約聘人員之間簽訂的工作契約，雇主沒有義務提供最低工作時間，約聘人員也沒有義務接受所提供的工作，主要用於英國）與彈性工作的成長，也損害了領導整體控制的概念。權變管理模型和學習型組織是比較現代的技巧，能容下環境的變化。

這有點像是動力船和帆船的差別。前者需要考量一些環境因素，但後者需要考慮所有環境因素。駕駛帆船的人需要有這種必要的平衡認知：船的尾部太重了嗎？船身的側面平衡嗎？船帆是否有調整到最佳狀態？就算船行駛的效率很高，當船稍一傾斜時，沒有經驗的船員可能就會覺得很不安心。

帆船模型也可以套用到現代社交媒體環境。現代領導者就算無須直接干預因應，但需要知道圍繞在公司品牌、競爭對手與利害關係人周邊的對話是什麼，比方說，要監看「彩衣傻瓜」（Motley Fool）等討論分享網站與「玻璃門」（Glassdoor）等職場員工討論區。團隊不僅會受到事實影響，認知也很重要。

如今的領導者，比過去更需要具備流暢掌控情境的能力，才能偵測並體察到失衡。這種層級的敏感度聽來很寶貴，領導者不見得永遠都要行動，但不作為應該要僅是考量的選項之一，而不是預設選項。

有哪些共同之處

以上所有領導與管理模型都有一個共同特徵：都是化約性或是分析性的，都沒有體認到有效率的領導必須把重點放在平衡。當然，我們指的並不是領導者時時刻刻都要處在平衡狀態，反正這種事也不可能做得到；我們現在說的是，領導者是很重要的角色，要能透過體察到中心在哪裡以平衡團隊。身在平衡點，能最快走向任何極端點。如果領導者感受到失衡，最快調整回來的辦法，就是把重心移到尺規的另一端。

平衡的好處

不管要培養什麼能力，都需要不斷重複和練習。當你想要提高表現時，焦點通常也都放在這兩件事上，很少人會去看反面。活動的反面是什麼？是休息。高表現運動員會花很多時間休息，以創意來說也是這樣。如果你希望極有洞見，那你就需要做完全相反的事：你必須讓心智停下來，自行修復。這不是永遠合理的選項。如果你想要變得更好，通

身在平衡點，能最快走向任何極端點。

常的本能是更努力去做。但如果你跟職業高爾夫球選手談談，就會知道有所謂的魔法時刻，這指的是高爾夫球手被要求做實驗，出三分力打球就好，不用拿出十二分的力。結果通常很神奇，球會飛的更遠，而且落點更精準。為什麼？因為高爾夫球不是一種比力氣的賽局，領導也不是。最後這句話裡有個提示。**領導應該是一場遊戲，領導應該要很有趣**。為什麼？因為每一種實驗性的研究都告訴我們，當人真心喜愛自己所做的事情時，表現會比較好。他們會比較放鬆，也比較有自信。他們會比較能承受壓力，也可以少花一點心力。這因為這樣，這才是一個改變賽局的因子。

如果不重新建構並改變態度，無法達成改變賽局的表現。為什麼？因為如果人要刻意地去提高表現，將無法持久。這需要變成一種習慣。習慣是無意識的，而且，從其本質來看，當一個人習慣之後就不覺得自己在刻意做什麼，這也會可長可久。

左腦（或者是說科學心智）一出現，就使得右腦（或者說概念性心智）失效並造成傷害，這正是失衡的源頭，具體的表現形式則是行為。如果我們僅浸淫在科學、化約論的領導模型裡，事實上就失衡了。要達成平衡，我們必須接受我們不需要化約論也不需要概念論，我們需要的是平衡，並且把平衡、均衡變成習慣，長期維持下去。

習慣與本能

如果要改變行為，我們就要明白為何行為如此根深蒂固、難以改變。這裡就是習慣的切入點。人們說，出色是一種習慣，所謂習慣則是你最常做的事。要輕鬆轉向另一種不同取向，需要有能力去改變習慣並好好理解意志力。《牛津大辭典》（*Oxford English Dictionary*）定義習慣（habit）是「既定或慣常的傾向或操作方法，尤其是指很難放棄的那些」。因此，如果我們經常重複做任何操作或活動、到了一種完全同化的地步，那就是習慣了。這本辭典對本能（instinct）的定義則是「一種動物在回應某些刺激時的內在、通常已經固定的行為」。本能通常天生就會，不需要經過任何正式的訓練、指導或體驗。兩者聽起來很像，確實也是。

習慣和本能可以讓個人或團隊相對容易維持自己本來的地位，從這一點來說是好事，也是壞事。說壞事，是因為如果你需要提升表現，你得解開系統、改變系統，然後再扣回去。

一個人的行為是出於本能還是出於習慣，並不重要。這兩者都可以改變，也都可以重新設定。但，要具備哪些因素才能帶動變革？

時機點與心理學

我們來看看健身房的會員制。[7]美國的健身房、健身健康俱樂部市場價值約為二百七十億美元，[8]光美國一國，就有超過五千萬人是健身房會員。以全球來說，這個產業的年營收約為七百五十七億美元。

多數人都在一月加入會員，這些人中大多數也都持續不到五個月。事實上，四%的健身房新會員連一月都還沒過完就不出現了，另有十四%會在二月底前消失。所以說，二月加入會比一月好。女性比男性更容易退出，女性有十四%會在加入健身房後的第一年內退出，男性則有八%。健身房的業主預期，買會員的人只有十八%會持續使用。事實上，健身房想要獲利，他們要做到會員人數比可容納量多十倍。

這裡要講一個很重要的觀點：**找其他人陪在身邊一起養成習慣**。四十四%的人會和另一個人一起去健身房運動，健身房也是交新朋友的地方。三十%的健身房會員承認他們從不曾運動到汗流浹背，因為他們忙著跟別人聊天。

意志力

無庸置疑，有些人可以透過強大的意志力養成習慣，但並不是每個人都可以堅毅到這種地步。很有可能的情況是，如果要做的事不是讓人覺得很享受，那就無法持久，你每年都可以從健身房會員人數的變動當中看到這一點。人在休息時會充滿決心，但一旦回到慣性上面，意志力又不見了。

美國心理學會（American Psychological Association）[9]相信，約有三分之一的美國人認為缺乏意志力是阻礙變革最大的因素。

缺乏意志力並不是害你無法達成目標的唯一因素，缺乏遞延愉悅的能力才嚴重。或者，換句話說，重點是要**抗拒短期的誘惑以達成長期的目標**。

棉花糖

沃爾特・米歇爾（Walter Mischel）的棉花糖實驗（Marshmallow Test）[10]，是用來預測兒童教育成果最著名的測試之一。受試的孩子被告知，如果他們願意等待，不馬上吃掉放在眼前的棉花糖，等一下就可以再吃一個。孩子能不能展現自制力放棄當下的獎賞、以換取日後更大的獎賞，是一個很可靠的指標。利用棉花糖實驗來控制這些「炙熱的情緒」，現在已經是很知名的作法了。

當中的相關性很清楚，但我們現在需要的是把成人版的棉花糖測試套在領導董事會和政府的那些人身上。在董事會裡，所謂的棉花糖，就是雖不道德但能拉抬短期利潤的行為。在政府內閣裡，棉花糖就是靠著財政紀律鬆散帶動的短期支持。我們需要更大且不同的棉花糖。

美國喬治梅森大學（George Mason University）的君恩・坦格妮（June Tangney）請大學生做問卷，以比較意志力。[11]研究發現，學生的學業平均成績和自制分數直接相關。也就是說，你和自己相處時的人際關係技巧愈好，和別人相處時也會愈好。

杜克大學（Duke University）的研究人員發現，童年時就展現高度自制力的人，也會把這種能力帶到成年之後。[12]這些人經濟比較穩定、身心比較健康，物質濫用成癮的問題比較少，也比較少遭到定罪。

人能強化意志力嗎？

簡答是：可以。如果只是要針對某項特別任務控制你的意志力，但不需要在其他事情上使用到意志力，這會比較容易。所以說，遭遇多重挑戰的人比較難以把意志力匯聚在單一事情上。這也就是說，你不要時時刻刻都把意志力拿出來用，而且，如果有什麼事很可能引發誘惑讓你的意志力潰敗，就一定要避免。舉例來說，在職場上想要守紀律的人，一定要躲開或避免任何會讓他們想到缺乏紀律的事情。趕走吊車尾的人有時候可以提升整體績效，道理就在這裡。請績效最低落的人離開，對其他績效不彰的人來說，就是移除了讓他們也想表現不好的誘惑。

大部分的人都不會隨時隨地拿出意志力。意志力就像身體的其他部位一樣，也都需要休息。如果運動員時時刻刻都在努力破紀錄，那就不太可能有進展。這是因為如果不花時間恢復，很可能導致受傷的機會大增。

想像力也是用來強化意志力的強力工具。身體會努力回應假想情境，一如回應真實情境。想像食物的人，更容

大部分的人都不會隨時隨地拿出意志力。意志力就像身體的其他部位一樣，也都需要休息。

易覺得餓；想像運動的人，會比較健康；想像放鬆的人，也會比較輕鬆。

你想像和感覺有關的時候會有這種效果，但不只如此，想像你想要避免的東西也會有用。所以，說起來很奇怪的是，一個缺乏意志力的人如果可以轉化成做白日夢，也會有進步。

美國的社會心理學家羅伊．鮑梅斯特（Roy Baumeister）指出，節食是在維持被剝削狀態，[13]因此，會發生不尋常的事。節食的人對萬事萬物的感覺都會更強烈，因為他們對食物的忍耐已經化約成要忍耐一切。之後，這會增強他們認為自己的意志力薄弱、不足以堅持下去的認知。實際上，這就是利用想像力在對抗自己。

杜斯托也夫斯基（Dostoevsky）在《冬天的夏日印象》（*Winter Notes on Summer Impressions*）[14]一書裡講到：

> 你自己去試著做做看這個練習：不要去想北極熊。你會發現，這該死的東西每分每秒都在闖進你心裡。

這表示，你不想要的想法會一直想闖進來，你得好好控制，這會讓你享有掌控力。在米歇爾的實驗裡，有些「長時遞延者」會用各種方法讓自己分心，以忍住不吃棉花糖。他們會用手把眼睛遮起來，或是把椅子轉向，這樣就不用去看眼前充滿誘惑的物品，也有人會唱歌給自己聽。

也因此，比較忙的人會發現自己比較容易保有意志力，因為他們並不是隨時都拿出來用，他們會因為其他事分心。

妨礙我們凝聚意志力的敵人

壓力是明顯呈現在眼前的失衡狀態。**壓力會削弱意志力，因為壓力大的人常會回到根深蒂固的習慣當中，以便幫忙自己脫困。**壓力基本上會讓正常的方位基點（cardinal point）暫時消失，因此，人們會用舊習慣複製出方位基點，以便因應問題。

壓力也會對生理造成影響，讓主管飢餓的賀爾蒙飢餓素（Ghrelin）[15]大量分泌。這種賀爾蒙和干擾生理時鐘或失眠特別有關。[16]胰臟會分泌葡萄糖刺激後胰島素（glucose-stimulated insulin），裡面就有飢餓素。大量分泌飢餓素會讓你覺得餓，也會助長脂肪囤積。簡言之，比較放鬆的人會比較容易燃燒脂肪。

但，什麼叫壓力？關於壓力有哪些特性？有一點我們清楚的是，壓力並無慣例，如果有，那就是常態，換言之，也就不會造成壓力了。因此，我們可以說壓力是一種暫時失序的非慣性事件集合。要應付壓力，代表要重新加入慣例。剛剛開始節食的人（或是剛試著要「清乾淨」的囤積症患者）常常又會落入舊有的習慣，原因就在這裡。新的習慣還沒有養成，壓力一出現，人就回歸過去習慣的行為。

我們來舉一個壓力的例子。假設你明天要參加一場很重要的考試或是一場商業簡報，你的成績或是你的升遷機會完全就看這次表現了。你的身體會有反應，皮質醇（cortisol）等和壓力有關的賀爾蒙大增，會讓你想吃碳水化合物，因為這可以壓低皮質醇的水準。正因如此，你才會渴望大吃巧克力或冰淇淋，哪管這些東西會讓你發胖，還會讓你罹患糖尿病和心臟病；另外，酒精也可以抑制皮質醇。這樣懂了嗎？

任務太重大

另一個無法維持意志力堅持下去的原因，是任務太過重大，讓人覺得被壓垮。要因應這個問題，辦法是把目標劃分成可掌控的範疇。這和基本的體能訓練方法類似，比方說練跑。

想討好別人

人必須要花費心力才能壓下自己的個性、偏好和行為。無須意外的是，這麼做會耗損意志力。紐約奧班尼大學（Albany University in New York）的馬克・穆拉文（Mark Muraven）[17]發現，靠著自制力壓抑自己來討好他人的人，意志力更容易受到侵害。講到意志力，慣於討好的人會發現，與他人相比之下，自己處於不利位置。

各級中小學和大學（某些學校是壓力極大的地方）並不教這些事，很難解釋為什麼。有可能是因為這沒有簡單明瞭的正確答案，每個人都必須用自己的方式做好準備。或者，這是因為表現好的人沒有這些問題，因為這方面的優先順序就被排到後面去了。

無法用過去的方法做事

因為這種理由而做出的改變，通常是因為老化。當一個人在體能上已經不能像從前一樣，就會被迫改變角色。改善很少出現在經濟狀況良好或是在市場上位居主導地位的時刻，因為這些時候缺乏變革的需求。

摘要

要讓領導更高效又更平衡是一大挑戰，有很多人提出很多方法。面對二十世紀以及這個時代對於更高效率的要求，各種因應之道更是多不勝數。遺憾的是，這些全都把重點放在提出一套科學性、西方化約論者的模型來分析問題、之後想辦法因應特定的問題，卻不去處理整體的挑戰。這種理性化的方法欠缺了全面性的取向。

各項研究的重點，一向都放在以明顯可見的成果作為衡量標準，設法提高領導的效率，這也隱含了領導者唯一的角色便是管理生產力。這當然是要做好的其中一個角色，但領導者也要負責展現團隊的價值觀。

就算領導的效率確實提高了，也沒有人試著去想如何讓更高效的領導長久維持下去。這裡的重點是習慣和意志力。決定領導成敗的重要因素有很多，但正式的領導教育中納入的卻很少。

壓力會導致系統全面失衡，在討論領導成果時，壓力也是一個重要因子。舉例來說，有時差問題的機師和機組人員，會因為環境因素而要面對更大的壓力。

很多管理或領導模型的焦點，都把人當成可以用科學方法來管理或摧毀的機器。這些模型可以用來理解人類心理，比方說，理解意志力，但，它們都沒有把重點放在大格局上，並未體認到領導者要受制於多重向量（vector）。這些向量總是會造成動盪，追求整體的平衡或許才是可行的目標。支點是零點，這是無限人類目標的開始與結束。

如果不明白領導大致上是一種習慣，要改變領導需要意志力，那就不太可能改變領導。我們要理解意志力心理學，也要知道如何帶來改變。

這項任務很複雜，很有挑戰性，在人類歷史上也吸引了很多偉大人物的關注，我們在下一章就要好好來探討。

第4章

「零」模型簡介

我們要如何簡化領導問題？在過去的歷史與文化中，已經有人做過哪些部分了嗎？我們如何劃分領域，以釐清複雜、彼此交錯的問題？我們如何用這些來辨識失衡？

到現在，我們看到了失衡已經是持續幾百年的問題，最近我們則想要靠著應用科學成分愈來愈高的思維讓效率愈來愈高。

但這就和其他的想法一樣，以前也有人做過了，而且通常成果更好。笛卡兒和達文西是兩大深具啟發性的「平衡偉大」範例，這兩位十六世紀的思想家與二元對立的世界交會，幫忙點燃了文藝復興的火花。

達文西有一件很有名的作品叫〈維特魯威人〉（Vitruvian Man），如圖 4.1。這幅草圖以墨水筆畫成，描繪了兩個疊加的人，雙腳雙臂打開，同時內接在一個圓形與一個方形裡。

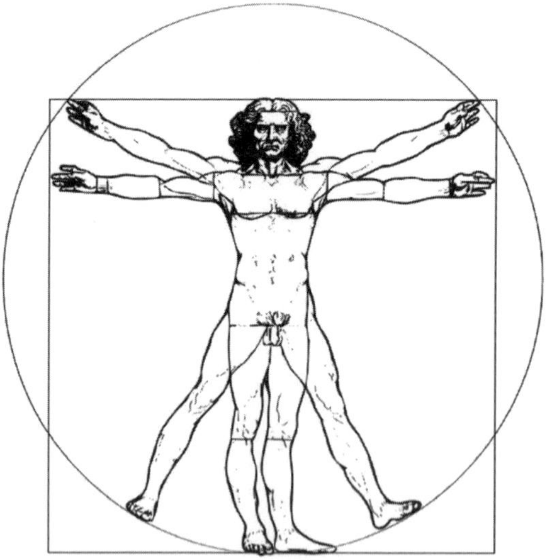

圖 4.1　維特魯威人

這張圖在很多層次上都很有趣味。第一，這個範例完美呈現了達文西對比例的興趣。肚臍在圓形的中心，圓周則完美地包覆了向外伸展的手和腳。其次，這張圖以人和並列的圓形與方形表現出藝術與科學的二元性。

多年來，有很多人試著理解達文西的原理組成。他的原理啟發了四百年後我們的想法。那，他到底說了什麼？他把兩種本質相反的概念並列。在〈維特魯威人〉裡，並列的是科學和藝術，有機與無機，令人敬畏的無窮無盡與平庸。甚至，圖中人物的對稱都代表了一種神聖的平衡。疊加的畫面代表了靜態加上動態。就連畫面的配置，也代表了十字架的符號象徵，或者說神祕的「X」。

無窮盡模型簡介

讓我們拉遠來看〈維特魯威人〉，變成一幅只剩下簡單元素的版本。我們可以用兩條交叉的線畫出一個「X」，包覆在圓形裡。我們還可以在中心畫出一個圓形的零，代表了中性或是兩個相反極端點的平衡位置（參見圖 4.2）。

我們可以根據某種主觀意見調校這個模型。雖然是假設性的，但這張圖可以訂出不同極端的相對位置，也能創造出「向量」、或者說從一個象限到另一個象限的運動方向。這很重要，因為力道相同、方向相反的行動，可以告訴我們如何回歸平衡。在判斷失衡以及要用哪些向量來因應失衡時，這一點格外重要。領導者在維持平衡時，有一部分的責任是要有能力保留一定的實力，以便在發生意料之外的事件時有能力因應。這就好像大聯盟的教練會努力培養團隊的耐力，讓他們上場時只要發揮到七成就夠了。舒適圈的範圍拉的愈大，會犯的錯誤就愈少。表現最好的團隊，是領導哲學已經嵌入文化裡的團隊。這表示，每

表現最好的團隊，是領導哲學已經嵌入文化裡的團隊。

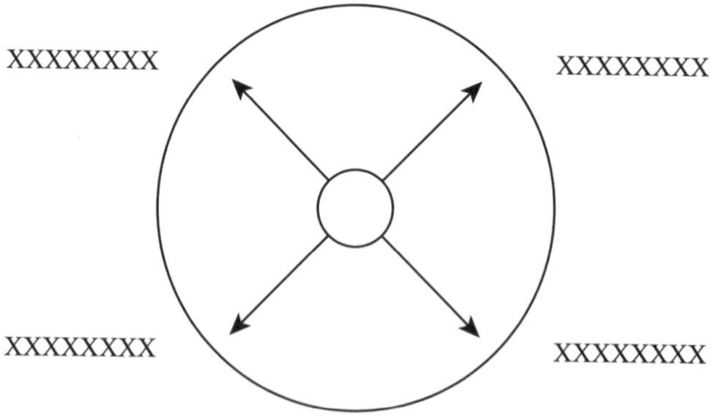

圖 4.2　無窮盡模型

一個人都要體認到負責任的重要性。

這個模型很有用，因為模型的重點不只是個人，更可用來評估個人與團隊，合起來或分開來都可以。不管是公司、組織、全國性還是國際性的層次，都可以適用。

現在讓我們把一些相反的連續面放到模型上。假設我們用的「理性——感性」當作一個軸線，並與另一個「實體——精神」軸線相交。我們可以把這稱為理性與感性模式（參見圖4.3）。

重點在於平衡

我們且假設，一開始會失衡是因為過度強調理性與實體。以我們在金融崩盤之前看到的失衡來說，這應該算是很合理的假設。失衡以模型裡的實心圓圈來

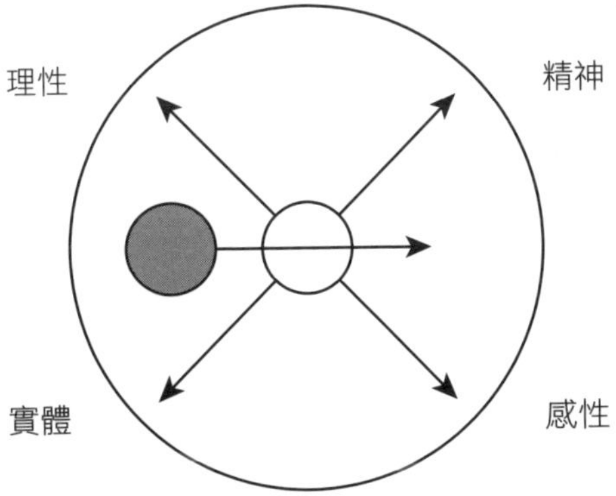

圖 4.3　理性與感性模型

表示。如果我們希望修正、回復平衡，那就要用一點精神面和感性面的元素當作解方，拉回中間。很多知識工作者在忙碌的工作之後都會上劇場、酒吧、小型演奏會等場合放鬆一下，是不是就基於這個道理呢？

一個方位基點無法完全取代另一個，尺規標準刻意設為無限大。不鼓勵數值出現正值或負值。某一邊不是好，另外一邊也不是壞。正值或負值的尺規可以標示成 α 與 β，它們的存在，就是為了看要往哪邊拉，回到中立或零的狀態。人如果是純理性或純感性的，並不會比較好，只有在這四個面向都達成平衡時才最好，這也就是無窮盡的挑戰。

坐標軸

且讓我們先來探討坐標軸的意義以及一些基本規則。這個模型具有本能反應性（reflexive），也說明了什麼叫恆定狀態防禦（homeostatic defence）[1]。走向任何一個極端都有違自然狀態，因此，身體永遠會設法平衡或捍衛自身。只有在理性主義促成之下，精神思維才可靠。在感性面能理解，通常有助於理性思維。當運動員發揮最大的體能潛能時，通常也會自動在精神上得到啟蒙。和過度理性的人一起工作，不會太有樂趣，這種人有些甚至會會成為他人眼中的「瘋子」，比方說電影《隨身變》（*The Nutty Professor*）裡的角色夏曼・可倫（Sherman Klump）。

這個模型的核心，是以人類遭遇的挑戰當成坐標軸。繼續講下去之前，我們要先提個警語。所有的模型的用處都有限，因為理性有限度。某種程度上，這也是我們要說的重點。理性的重點是要去證明理性跟信念一樣，都有限度。

◆精神

精神放在模型最上方，這是有理由的：這個方位基點消失時最明顯，出現時又最豐富。我們之後會再多談這個二元性。精神也是最難概括的，就像試圖嘗試捕捉雲煙那般困難。精神是什麼意思？我們無法衡量精神、無法命令精神、無法教授精神，也不能立法將精神合法化。精神不正統，但我們都知道，在適當的標準之下，精神很重要。如果領導者開始滔滔不絕講到他們需要禪修，我們可能會懷疑，不知道他們的精神現在處於什麼樣的狀態！

理性的重點是要去證明理性跟信念一樣，都有限度。

我們都用過「精神高亢」（high spirit）與「團隊精神」（team spirit）這類詞彙，我們甚至用到「『靈』感」（inspiration）一詞。但，精神的意義到底是什麼？這指的是我們的靈魂，一個儲藏生命力量的地方，是熱情或能量，也是對生命的品味。

我們可以有妥協精神（spirit of compromise）、七六年精神（spirit of 1776；譯註：指以美國革命時代精神為核心的愛國情操）、創業精神、敦克爾克精神（Dunkirk spirit；譯註：指惡劣環境中團結互助）；某種精神就是一種意圖或心情的象徵，你可以有各式各樣的精神，你的軍隊可以用靈魂精神戰鬥，你可以懷抱團隊精神；某個人即使人不在了，精神仍與我們同在；我們可以在法律精神範圍內行動。我們的精神可以很亢奮，也可以很崩潰；精神可以變形，也可以被點燃。

那麼，我們先來看不是精神的那些東西、也就是精神的反面：實體。運動員（尤其是跑者）常常會說自己進入了「好狀態」，當他們處在這種心理狀態時，會覺得自己沒了形體，幾乎可以說是超脫於身體之外了。在這裡，他們會覺得冷靜、自在、平衡。在運動的初始階段過了之後，就可以知道會不會進入這種狀態。跑者會在跑完第一個一英里時就可能感受到高昂狀態，自行車手在騎完前五英里時就可能進入狀態。

不管是哪一種，這都說明了我們可以藉由精神達到什麼樣的境地。一項活動、一個地方、一個團隊甚至一件藝術品，都可能引發一種超脫的狀態。坦白說，這有點難以說明，理由並不是因為找不到適當的詞彙，而是因為精神要透過感覺去體驗。這是一種超自然，是一種帶著神話或神祕色彩的東西。這就是丹尼爾・品克（Daniel Pink）所說的心流（flow）。[2]

> 人在心流狀態下，會深深地活在當下，覺得完全掌控一切，他們的時間感、空間感甚至是自我感，皆消失於無形。

有時候，精神的表現方式是一種歸屬感，有時候則是心滿意足。精神可以經由導引出現，而且具有本能反射性。舉個例子來說，有很多人在洗澡時想出最棒的構想，浴室就可說是一個導引空間，在這裡可以生出很棒的想法。敬拜場所也一樣。人不一定要到敬拜場所才能感受到精神上的連結，但這些地方通常幫得上忙。

◆理性

理性是最年輕的方位基點，但，自啟蒙時代以來，我們一直都沉迷於理性。我們善用理性讓自己的生活更輕鬆一些、更有生產力一些。理性讓我們保持健康，活得愈來愈久。《星際爭霸戰》（*Star Trek*）裡的角色史巴克（Spock）和他永無止盡的邏輯思維，正是理性的代表。理性衣冠楚楚、理性受人尊重、理性倍受重視，理性在地區性與全國性社群中都有一席之地。理性這個方位基點，像是你可以帶回家自豪地介紹給父母的朋友伴侶。你會發現理性無所不在，銀行、車庫、中小學、大學、工廠、農場、辦公室、軍隊裡都有，對了，甚至偶爾在政治人物身上也看得見。理性讓我們很自在，因為理性基本上就是我們知道的而且也可以證明的東西。理性會不斷加總；理性是得意的笑，也可以自我滿足；理性有先後順序、可重複、可驗證，是科學的基礎。理性存在、理性可衡量、理性有價而且可受評量，理性可以解釋各種事物，理性給了我們所有表格數據（元素周期表、對數表、正弦／餘弦、切線、導航指引、天文和水文數據）。我們可以把理性放到資產負債表上，我們可以教授理性，理性最強的面向，就表現在數學和物理上。

◆感性

我們知道人有感覺，因為人類是最早能表達感覺的動物。從最早期的洞穴畫作開始，我們就看到人很渴望表達情緒。啟蒙時代之後，理性邏輯興起，讓感性面的事物更顯軟弱，壓抑情緒變成很重要的事，喜怒不形於色變成自制的證明，這被視為教育過程的一個環節。大約從過去二十年開始，事情有了大幅的變化。舉例來說，憤怒事件大增，是幾個世代以來的最高點。[3]在這幾個坐標軸裡，感性的爆發性最強。感性可以建立起人際關係，也可以毀了人際關係。關於領導，最常有人表現出來的情緒可能是沮喪。

我們知道，情緒是領導者認為在實質上、實務上處理起來很困難的面向，有些領導者會避免與團隊對抗，回過頭來，團隊也會一些明顯的理由避免與領導階層對抗。資訊流（而不是對話）更強化了這種趨勢，員工經常要面對大量的資訊，但很少有人真的會和他們對話。

◆實體

實體力量是另一個一直以來都和領導有關的古老方位基點，軍隊尤其會獎勵體能狀況好的人。體能到現在仍很重要，是因為身高仍和權威連在一起、聲如洪鐘仍和自信連在一起，這也可以解釋很多事，比方說，執行長的身高通常都高於其他人。[4]體能這個面向，也是女性進入領導階層群之後要打的仗。你可以用「領導者」當關鍵字在網路上搜尋，看看會得到哪些圖片。你會看到站立的、大步前行的、穿西裝的，背景可能是辦公室，或是代表攀爬高升的事物。你會看到愈來愈多的女性與少數族裔加入其中，但看不到老弱與殘疾，也不會看到伊瑪目（imam；譯註：伊斯蘭教的領導者稱號）、拉比（rabbi；譯註：猶太教領導者）、牧師、護理師、醫師、農人、工程師、採礦人員或消防隊員。看看這些圖片，我們可以得出結論，領導是一種屬於專業人士或高階主管的專業，是一種屬於男性的專業。領導者主要的年紀介於三十歲到六十歲之間，主要的組成是白人男性。如果你是不太符合這些定義的領導者，那麼，你就會常聽到有人對你說你顯然不是領導者；反之，會有人說你是女性主義或是種族主義分子，這種人需要靠特殊優待配額或其他人為方法才能取代前面一群的領導者。這樣的情形必須改變。

各象限

在每一個象限，可以用力道相同、方向相反的力道來平衡挑戰。經歷離婚的人可以說是面臨了精神面與感性面的挑戰，但是也會受益於這段時間的實體與理性活動帶來的益處。

約翰・麥斯威爾（John Maxwell）寫過多本以領導為主題的好書，為本書在很多方面提供靈感。他有很大量的研究以右上方的精神／感性象限為中心，可能就因為這樣，許多過度仰賴理性／實體的領導者才這麼熱衷於讀他的書。麥斯威爾之前是本堂牧師，他的背景促使他的領導取向從模型的左下方轉到右上方。當然，這條路線半路會經過零點，才來到相反的象限。

神學訓練鼓勵麥斯威爾思考無窮盡，這啟發了他的研究。然而，有一股力道會把我們往左下象限拉回，如果沒有全面性思考的話，就會帶動分裂，分裂又會造成上方和下方的自我意識更加明顯，也因此，有很多領導者要不就輕鬆成功、要不就「努力想要證明什麼」，在兩者之間擺盪。要教出零領導者，相關的教育應該要讓我們知道如何達成更平衡的狀態。

我們主張是，當領導固定在左下象限，不計任何代價都要達成的經濟理性主義，主導什麼所謂「好」領導的概念。但這個象限無法容下長期的質化價值。短期量化目標獨霸此地，而且不斷帶領我們衝向災難式的領導失敗。

很多激勵人心的領導人得到的評等都落在右上象限，比方說，艾力克・施密特（Eric Schmidt）在《教練》（*The Trillion Dollar Coach*）就把 Google 的成功歸功於愛。[5] 他這本書主角寫的是比爾・坎貝爾（Bill Campbell），坎貝爾很愛 Google 以及許多其他如蘋果、亞馬遜（Amazon）、直觀軟體（Intuit）和凱鵬華盈（Kleiner Perkins）等大企業的團隊，更把這份愛轉化成勝利祕方。他說，「董事會與企業裡要有愛，但我們不教這種事。」[6] 白宮橢圓形辦公室裡要有愛，你的人生、你的社區、你的企業、你的組織和你的理想裡面，要有愛。

今天，我們抱怨自己的領導者，咕噥著沒有好的領導，我們完全有權這麼做，畢竟，領導者讓我們失望了。然而，要解決這個問題不是投票選出新的政治人物還是在股東會上行使表決權、打個勾就算了。

這樣還不是事情的全貌。如果在理性／實體面向上施加情緒／精神層面壓力，肯定會把領導推回原點，這是領導應該要在的位置。領導需要有能力從所有象限中走出一條路來，但永遠都要回歸零。

約翰．霍普．布萊恩特（John Hope Bryant）的《愛的領導》（*Love Leadership*）[7]是一本很了不起的書，書中討論的是和窮人與財務素養相關的議題。這是一本讀來很有意思的書，主要是政治與經濟分析，但他的思維很能為我們提供一些資訊。在所有無法計數、計算、編纂成法典、管理、衡量、標準化、提報、納入遵循、立法、規定或指導的事物中，最偉大的就是愛。

◆理性——精神象限

這個象限充滿矛盾，處理我們或可稱之為事關重大但曖昧不明的事物。有一句話可以體現這個象限：「愚人服從訂出的規定，但聰明人把規定當成指引。」領導規則多數時候都應該適用，直到有一天必須靠某個人拿出判斷力做決定，這很可能是領導規則最讓人困惑的面向之一。重要的事不見得都能計算，能計算的事不見得都重要。

◆理性——實體象限

這裡是崇尚分析左腦者的避難所。自啟蒙時代以來這個領域便蓬勃發展，有時候也稱之為「工業模式」（industrial model）。這裡是現代教育體系的基地，創造這個體系的推手便是工業，而這個體系也以工業的利益為重。現代教育體系基本上是機械性的，用製造年份（年齡）來區分所有的參與者（學生），而不去看個人的能力或是技能組合。這套方法是現今教育體制的根本，用考試來規範；考試本身就是設法用更精準的切割方法來做區隔，把人分成各種不同的專業類別，讓我們陷入更深的各自為政局面。

這個象限是比較、對照、分析流程的大本營。我們教育人才時，想著的是要強化邏輯面、理性面和理智面。我們把思考定義成一種化約的過程，我們會教學生要把問題分成小問題，再把小問題切分成更小的問題，以便求解。我們的目標是切分，而不是整合；

重要的事不見得都能計算，能計算的事不見得都重要。

是獨立出最小的關鍵要素，而不是找到辦法把這些要素串連起來構成大局。這裡是試算表的地盤，印象派或是超自然主義的作品沒有一席之地。

這裡當然也有一套綜合性邏輯的相等與相反過程，這指的是站在遠處看問題，然後提出範圍更廣的問題。由日本車廠豐田汽車（Toyota）發展出來的「五問法」（5 Whys），[8]便體現了這樣的過程；在這套方法中，要提出五個問題以探究為何問題會存在。這麼做的效果，是把每一次的觀察提到更高的級別，甚至來到策略性的層次。

這套模型不考慮潛意識大腦，也無法解釋為何這麼多思想家說他們得到啟發的時間點是獨處時而不是在職場上，而且，很有意思的是，當時多半是他們試著什麼都別做的時候。[9]

本書的中心主旨是，理性並非我們的敵人。就像愛因斯坦說的，理性心智是忠實的僕人，但直覺心智是更稀有的天賦。我們尊崇僕人，卻忘了天賦。我們需要理性，但不要讓理性吸走其他象限的所有養分。

◆精神——感性象限

傳統上，你會在這裡找到激勵人心的領導作為。我們不難理解，為何感性與精神得分較高的領導者通常也比較受團隊歡迎，至於投資人與選民是否喜歡這種領導者，則比較不確定。

以感性和精神來領導的領導者常會發現，要做出和人有關的痛苦決定是很困難的事，他們也掌握不到分析數據能得到的重要趨勢。但，這種領袖多半善於管理團隊、善於合作，然而，往往會犧牲了個人成就。

愛是一種領導應具備的天賦，搭配其他技能一起使用，但事實上並沒有。少了愛，會讓我們付出很大的代價。成為一個只有理性分析的領導者，現在已經不夠了。這當然有幫助，但是韌性、適度的幽默感與快樂等等不可或缺的特質，只有真愛才給得起。因為有愛，家人可以守在一起，組織也可以做到這樣。

◆實體——感性象限

人類不是單向的機器，不能一直運轉都不休息。雖然這是不證自明的事，但也阻止不了很多人親自一再地挑戰這個論點。這種挑戰通常以暫時性的疲憊不堪告終，有時候的結局更是罹患慢性疲勞症候群。除非用力道相同、方向相反的辦法治療，不然無法痊癒。這個象限裡的人，是某個特定年齡層的男性，臉龐泛紅、體重過重，對所有的小事生氣。找不到鑰匙的時候就大發雷霆，但鑰匙根本就在自己口袋裡。這是一個需要感受空間裡能量的人，但他連自己體內透露出癌症初期的痛苦都感受不到。

在實體－感性這個象限裡，最大的挑戰之一就是當事人的認知能力已經嚴重受損，且不知道自己的認知能力受損到什麼程度。要體察到現實需要做好自我管理，但因為前面這個理由，他們內心的衡量基準指標極不可靠。要解決問題，要不就要經常「淨化」休息，要不然就要有個老朋友支援體系，讓領導者可以從組織內部或外部的同儕身上獲得回饋。

這個模型如何解釋失衡

無論是科學界、商務界、產業界、醫療保健業、交通業還是能源業等等，如今各地都在加速發展實體／理性這個面向。這迫使大家都要跟上，不然的話就會被拋下。附帶提一句，很多人選擇後面這條路，而且他們還比較快樂，或許是因為這樣在精神面／感性面比較協調？

人不一定要跟上所有變化。科技來來去去，常常還沒發揮用處就沒了。垃圾場裡堆滿錄影機，主人連怎麼設定都還沒學會；廢車場裡堆滿廢車，裡面的有很多從來沒有被人好好使用的可調光儀表板；回收廠裡堆滿洗衣機，當中有很多洗衣行程從來沒人用過。

然而，這個象限強調的重點會讓人（至少是落在這個象限的人）自認有優越感。這是一個分裂之地、比較之地，一個區分人我的地方。不管是川普的支持者抨擊民主黨、脫歐派的英國人批評留歐派，還是中國中央集權與地方分權的支持者，我們總是可以清楚感受到對立的各方互相貶抑。「離地」生活、受到理性主義教育的人瞧不起「在地」生活、沒有受教育的愛國者。他們用程度相當的鄙視互別苗頭。

為什麼這種事這麼常見？為什麼我們失去尊重他人的能力？毫無疑問，「反正沒人知道我是誰，我就是要這樣說」的網路產生了「去抑制效應」(disinhibition)，使得線上辯論的調性愈加苛刻，但這個因素並不能用來解釋面對面環境中的衝突。有沒有可能是因為我們已經厭倦了理性主義本身以及其持續不斷、永無休止的干預、比較和複雜性？這個理由或許可以解釋人為何會為了娛樂玩鬧而做出暴力行為或去吸毒：這些活動拋掉理性思考，但帶來了情緒上、實體上與精神上的獎勵。

將理性主義與效率應用到人際關係上

一般來說，人際關係正在減縮，在年輕人之間更是明顯。[10]年輕人有人際關係，但是對象不是有血有肉的人。這表示，他們對於人際關係的體驗愈來愈少。這不僅會影響他們經營人際關係的潛能，還可能在幾方面造成傷害。

如果這套理論是對的，模型中的每一個極端點都有恆定狀態防禦的特性，那麼，有可能是兩個極端點引發了彼此嗎？隨著職場環境變得非常理性，是不是導致連職場以外理性行為某種程度上也取代了精神與感性？有沒有可能，就因為職場沒有愛，連帶使得職場以外也貶低了對愛的需求？到了現在，愛已經成為阻礙效率的因素了嗎？不談戀愛不結婚的人，可能對他們自身的職涯發展也無好處。少了愛，是否會使得人際關係化約成交易關係？

十六％的夫妻在職場相識，但也有四十％的人承認他們和工作上有往來的人有出軌行為。[11]普遍而言，與網路上相識的夫妻相比，因為職場關係結緣的夫妻對數正在減少。一家約會戀愛仲介公司指出，以前者來說，四十％的單身人士會使用網路約會。[12]

未來，網路將成為所有主要人際關係的仲介

說起來，網路可以用來開會（在居家工作時期尤其好用），也可以幫你送餐、讓團隊即時協作、處理商業交易、提供會計明細，甚至可以告訴你何時該停止工作。網路內部可以儲

存你所有個人資料，告訴你該跟誰約會、替你洗衣服、娛樂你、幫你穿衣打扮、協助你健身與安撫你。隨著這種少了人味的中介機制加速發展，會對領導作為造成什麼影響？很有可能，領導必須像新冠疫情爆發期間那樣從遠端進行，隔著遠距管理，還要學習不同的技巧。這必然意味著整體性的評估標準會變得狹隘，限於量化與數據導向。在這裡，是很關鍵的要素，因為當雇主愈理解工作模式，就能節節拉高員工的生產力和準確度。但人不是機器，人會犯錯、人的速度會變慢，也沒有那麼一致。現代人愈來愈期待離線世界要和網路世界的步調一樣快速，證據顯示，這使得本來就已經沒有耐心的人更沒有耐心。[13]

另外還有一種傾向，那就是單人家庭之間的共享資源現象愈來愈明顯。在每一個年齡層中，同住在一個屋簷下的夫妻伴侶對數都愈來愈少，但六十歲以上的族群除外。[14]

有溝通，但沒有對話

毫無疑問，iPhone 世代的通訊量愈來愈大，但，對話卻大量減少。幾乎每一個現代家庭裡都可以看到這種現象：一家人安靜地坐著，各自瀏覽自己的社交媒體與其他線上網站。沒有對話，代表沒有能力協商、沒有能力化解情緒難題，也代表網路上的怒氣會愈來愈重。這股憤怒愈來愈像沒有能力同理對方的觀點，再加上對於自己做不到而引發的挫折情緒。

把不同的標準套到模型上

如果我們用其他的標準來替換理性與感性的坐標軸，那會怎樣？我們可以把這個模型稱為後設模型（meta model），任何相反的組合都可以放上來，搭配任何其他組合。這讓我們可以用另一個點來檢測某個點的平衡，這也是我們接下來要看的。

摘要

尋求平衡並非新鮮事，人們持續這麼做已經有幾百年了。我們可以說，追求平衡就是人類歷史的本質，這是一種無窮盡的追求。我們的社會與文化過去大量以信仰為基礎，文藝復興率先處理這個議題，稍後的啟蒙時代也繼續接棒。

在歷史上文藝復興這段期間，學習和藝術都加速發展，帶動了普遍的教育改革。在政治上，文藝復興有助於政府和外交的發展，在科學上則使得人們更仰賴觀察與理性。文藝復興最知名的是藝術的發展，以及達文西和米開朗基羅等藝術家的貢獻。

後繼的啟蒙時代，始於文藝復興結束，開始在歐洲引發一場智性運動，聚焦在理性與個人主義上。這個時代領導人物，是笛卡兒、洛克（Locke）和牛頓（Newton）等科學家，以及包括歌德（Goethe）、伏爾泰（Voltaire）、盧梭（Rousseau）在內的文學人物，還有經濟學家亞當・斯密（Adam Smith）。

這兩大運動代表人類為了追求平衡的最出色嘗試，第一次是為了對抗信仰，端出了理性，到了二十世紀則有更多科學。我們幾乎可以說，人渴望創造平衡，但這樣的渴望最後只會創造出另一種失衡。

達文西的方式和他畫出來的〈維特魯威人〉，為我們提供了靈感得出了平衡模型，我們可以把這套模型套用在不同的情境當中。我們取其訊息中的本質，化約成兩股互相交會且需要平衡的力量。這些力量以支點、或者說是零的狀態移動，這也是我們接下來要探討的。

第5章

「零狀態」思維

什麼是「零」狀態？我們如何能達到這種狀態？這種狀態為何重要？你要怎麼知道自己是不是達到了零狀態？要如何應用？有哪些好處？為什麼這麼多偉大的領導者努力維持平衡？這和「禪」是一樣的嗎？我們如何使用零點狀態來建立韌性與發展潛能？

裴卓（J. D. Pendry）的《三公尺區》（*The Three Meter Zone*），在講領導的書裡是最了不起的經典之一。[1]

他說士兵有三種：三公尺型、十公尺型和百公尺型，每一種類型要用不同的方法領導。第一群士兵不會向領導者學習，他們學習的對象是其他士兵。每個群體內的領導者都要訂出一個規範區，在這裡設定行為與標準的調性。不管軍隊裡考量的均衡是哪一種，這個場域就是體現是文化維持均衡的範例。這些達成平衡的場域力量很強大。

耶魯大學的研究人員史丹利・米爾格蘭（Stanley Milgram）闡述了一個最極端的範例，[2]他證明了服從權威的力量非常強大。在他的行為實驗中，某些參與者會因為收到命令便不斷施以致命等級的電擊。這清楚說明了每一位領導者以自己為核心創造出來的規範區，當領導者表現出道德上有疑慮的行為，這個規範區也會因此發生變化。

領導需要在執行／戰術面與策略／典範面達成平衡，我們就把這簡化成要在「做什麼」（doing）和「是什麼」（being）之間達成平衡。在裴卓的模型裡，很顯然領導者必須去做點什麼，他們必須立下典範、他們手上要有「待辦事項」清單、他們要落實這張清單，他們也要有一組清楚的預期與價值觀。當然，這放在百公尺型的層級也適用，差別是比例比重不同而已。在策略面，領導者必須要有一套可以投射的價值觀，如果你要的話，也可以稱之為

「待成」（to be）清單。

我們來看看零模型如何搭配裴卓的模型來應用（參見圖5.1）：

這點出注重戰術的領導者會貼近跟隨著，近距離支持他們「做事情」（參見圖5.2）。

然而，偏重策略的領導者的位置就會比較偏右手邊的象限，舉例來

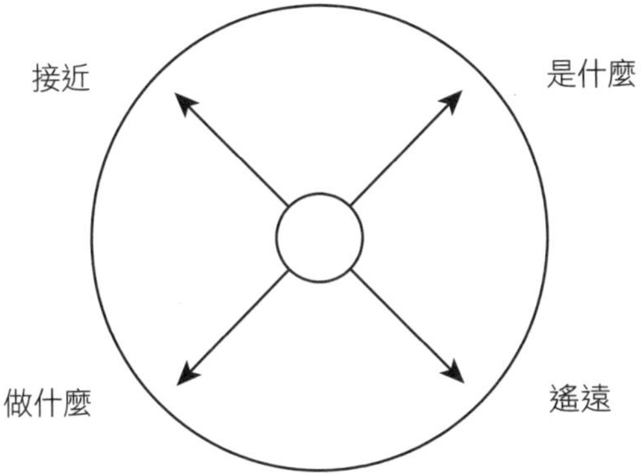

圖 5.1　裴卓模型 A

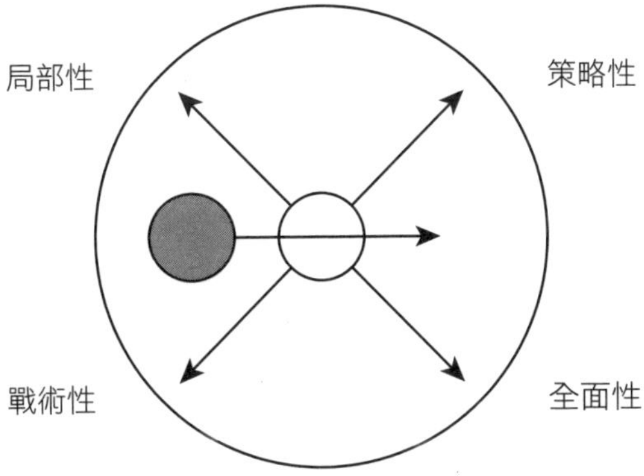

圖 5.2　經理人模型與領導者模型

說，放眼更大格局的將軍就會在這個象限。我們不會預期將軍要和士官做相同的事，因此，失衡會因為階層而不同，我們也可以用這樣的差異來解釋經理人與領導者的不同（參見圖5.3）。

領導者應該在戰術面和策略面都能發揮作用，經理人只限於比較低的層次。通常的模式是，管理階層能把事情做好，滿足局部性和戰術性的要求，但無法完成策略性的目標。同樣的，相反的那一邊也不證自明。

這是一場零和賽局嗎？

團體若沒有指明負責的領導者，很有可能是因為領導者隱而不見或不太明顯。美國印地安人與原住民部落通常說他們並沒有領袖，一直要等到和殖民者對

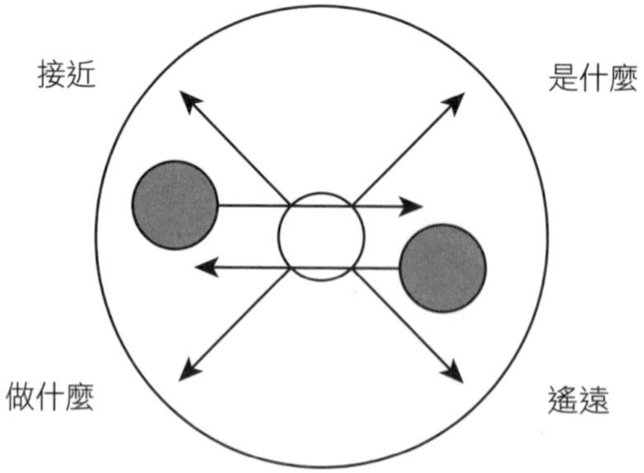

圖 5.3　裴卓模型 B

峙，才迫使他們指定某個人擔負起領導任務。

在現代社會中，一個人會出線，通常是因為有代表性，這最常體現在美國的陪審制度之下，陪審團要選出十二名有代表性的人。當然，當有人自願領導時，就代表有人可以輕鬆退下，並且把他們的信任放在別人身上或是把責任交給別人。從這一點來說，領導者讓團隊免於承擔個人責任。理論上來說，這樣一來，團隊裡的人就可以走向專業化，但這也出現了另一個規範區（這是由團隊決定的規範區，不是領導者決定的規範區）。也因此，軍隊裡很看重士官領導。基本上，這是一個由正式權威、而不是非正式權威創造出來的規範區。如果成員對權威的信心破滅，非正式權威凌駕於正式權威之上，最後就會發生叛變。也因此，軍隊讓每一個人在訓練期間都能體驗領導，讓他們去感受領導的責任，這麼做，是希望每個人都能更同理並理解領導的角色。

這清楚說明訓練所扮演的角色，還有，訓練不只在領導上有用，同樣也有助於發展團隊。訓練領導者領導還不夠，我們也要訓練團隊跟隨領導者。少了後者，就不會有人在乎領導者，不管他們有多堅忍，結果只是招來更多冷嘲熱諷而已。憤世嫉俗和堅忍自抑都是古人流傳下來的哲學，直到今天都還很活躍。奉行前者的人勉強接受領導，他們認為這是必要之惡。他們不支持領導，但也不會攻擊，不需要為此想太多。新一代的憤世嫉俗者已經長成，他們不相信別人的動機，蔑視公認的誠實或道德標準。在這裡，唯一能影響人類行動的動機是自私，他們的信念是世人的行動主要都是負面的。這是很危險的想法。

現代領導者多半屬於堅忍自抑這一群。這群領導者把團隊的需要放在自己的前面，因此，很矛盾的是，領導者可透過讚揚團隊成員的美好來凸顯自己的能耐。這種無私是偉大領導的特質之一，也說明了要如何創造偉大的團隊。個人認同嵌入了格局更大的事物中。這要怎麼辦到？我們來找方法。

幽默是通往零的終極出口

所有心理統計學檢定最大的缺點之一，就是無法體認到像幽默這類重要的領導技能。

所有偉大的領導者都會用幽默來溝通。當橢圓形辦公室清出前總統雷根（Ronald Reagan）的辦公桌時，發現裡面寫了很多笑話，大約有幾百則。領導者善用幽默，便展現了判斷力、時機掌握度、敏感度、共通的觀點與智慧。因此，我們在領導中應該認真看待幽默。

訓練心理學說，讓人去做他們自己喜歡的事，會得心應手。工作是一種社交過程，因此，如果你喜歡自家的團隊，你也比較可能喜歡和他們一起工作。你勝任之後，又會更喜歡。這創造出另一種善意的循環：當人們喜歡所屬團隊，就能好好一起合作，技能會更精進，每個人也會更有價值、得到更多獎勵，因此更喜歡工作。可惜的是，這個循環無法逆向操作。當團隊對自己愈是滿意，他們就愈不會把重點放在理性/實體範疇，這麼一來，他們也就不那麼愛比較、對照、分析與關注差異。工作不再像是工作，整個團隊進入了「心流」狀態。[3]

動能是通往零的途徑

另一條創造平衡團隊的途徑，是在任務或工作訓練流程中營造動能。**沒有什麼比要去做什麼事的壓力更能強化團隊凝聚力**。很多軍事組織在新人入伍的第一個月裡忙的團團轉，就是基於這個理由。除了體能上的好處之外，新兵訓練還可以培養出團隊合作的後設技能（meta skill）。

這股動能，效果就像要讓腳踏車維持穩定的前進運動。「零狀態」思維的要素之一，就是要創造與維持動能。這會營造出螺旋效應（gyroscopic effect），把力道推向坐標軸的中心。人們還在辯論到底是什麼因素讓自行車直立不會倒，[4]從我們的觀點來看，重點就是自行車的運動。

領導者要負責任嗎？

領導的問題之一，是假設要靠領導者單獨展現所有領導作為。你是領導者，我們也都是領導者，領導從來不是專屬於某些人的權力。在量子疊加（quantum superposition）的環境中，要篤定，只能從平庸當中去找。零領導不會只預測一個結果，而是為了所有結果預作準備。零領導必須不偏不倚。如果想要在領導方面獲得洞見，必須要在之前就先懷抱一種零預備（zero preparation）的心態。

如果一個人積極尋求創意，很可能會有點發現，但多數領導者說，他們是在辦公空間之外、工作群組之外得到真正的啟發，而且通常都是在他們沒有嘗試去做什麼事的時候，這凸顯了零狀態的重要性，這是很好的靈感開竅先決條件。

這和愛的狀態很相似。一個努力尋愛的人，通常不太可能被愛找到。我們需要的不是有

領導的問題之一，是假設要靠領導者單獨展現所有領導作為。你是領導者，我們也都是領導者。

理性或很感性的領導者，我們需要兩者兼具的領導者。

零不是「禪」

我們並不擁護完全遵循禪道的領導者。當然，奉行禪道的領導有時很合宜，但有時候需要的則是充滿活力、全心奉獻、聚焦、熱情洋溢、著重此時此地的領導。重點是，不管領導者多有彈性，還是需要能夠彈回到「零狀態」。這倒不是說他們時時刻刻都得這樣做，我們講的是要在極端之間達成平衡，比方說，在「他們」、「我們」與「我」的連續面上：

「他們」　　「我們」　　「我」

無力 ←—— 零領導者 ——→ 全能

這裡的問題是，我們應該如何處理自我這個議題：這個自我必須是「我們」而不是「我」。

領導者要靈活、機敏、主動且眼觀八方，不要只會深入鑽研。他們應該要以中立的立場看待所有事件，要無私，而且不要有任何定見。這麼一來，領導者便有了自由度，可以站上任何位置。佛教徒說這種狀態叫「不執著」，這表示，**你不用特別執著於某個特定結果，你可以自由地面對所有可能性**。這種態度讓領導者可以自由運用團隊的決策能力。從小眾的觀點可以得出最新穎、最有利的想法，若以這一點來說，領導者必須營造出一個讓小眾的聲音被聽到的環境。領導者的工作不是僅成為贏家或是大多數人的代表，領導者要負責把整個社群凝聚在一起，讓所有人都受益，而不是僅優待大多數。

領導者是「和平編織者」

所有群體都有派別，劃分的標準可能是辦公室、部門、技能組合或是偏好。領導者的工作，是要用更廣大的認同與價值觀接住每一個人，讓大家都更好。領導者必須確保團隊中的每一個群體都理解他們的共同之處在哪裡，透過定期輪調人員，可以達成這個目標。盎格魯薩克遜人有一個詞叫「和平編織者」（peace weaver）：他們的婦女會與敵對的部落成婚，以促進雙方之間的和平，這些婦女便稱為「和平編織者」。愈是整合，各個次文化就愈有可能理解彼此。編織和平的經緯線有時候很錯綜複雜，但能創造出強韌的連結。

部門內會有次文化，不同的地點也可能出現次文化，就連同一棟樓裡的不同樓層也可能會有。文化的差異常常是指令無法落實或者是執行上無法與整體達成一致的理由。

你的組織裡面有哪些部分沒有整合在一起，或者正在磨蝕或已經出現破損？你可以做些什麼以修復社群的脈絡紋理？這就是無窮盡領導者要做的事。

有一件事很有意思，那就是神話傳說的世界裡有一種很強大的原型：一位女戰士，但同時也身兼和平編織者。我們可以想一想既是戰爭女神又是藝術女神的雅典娜（Athena），祂象徵了智慧、自由與民主，但也是一位戰士。凱薩琳·赫伯特（Kathleen Herbert）在《和平編織者與女戰士》（*Peace-Weavers and Shield Maidens*）[5] 書中講到英文裡「wife」（妻子）的字首「wif」，「wif」源自於意為「編織」的「wefan」，以及意為線股的「wefta」。古希臘人也將紡著生命線股的命運三女神（three fates as goddesses）描繪成編織者，手中不停紡著人生的線股與紋理。這三位女神分別是紡線者克洛托（Clotho）、分線者拉克西絲（Lachesis）以及決斷者艾楚波斯（Atropos）。這個說法掌握到必須把經緯線編織在一起以構成社會紋理的概念。一方面的固執要靠另一方面的彈性來平衡，不管是大多數的利益還是小眾群體的利益，都要整合在一起，才能創造出美好又持久的事物。一體性有時候會耗損、會磨蝕，這時候就需要用到紡錘和紡叉（這些是代表編織和平可長久的象徵），強迫相反的元素再整合起來。

這聽起來有點奇特。英文裡的奇特「weird」源出於古英文中的「wyrd」，意思是「命運」。這兩個詞還有深層的意義，可回溯到更古老的字根「wert」，意指轉動或輪動，還有「weorp」，這個詞的意思是價格、價值的源頭，以及和認同、榮譽和尊敬的關係。古代的「wyrdness」就跟現代的「weirdness」一樣，都和魔法以及有能力提出看來幾乎不可能或無法想像的解決方案或預感有關。

如果你用這樣的想法去思考人的潛能，那會如何？你能想像出哪一種環境能讓你成功嗎？如果可以，那麼，你就可以想出也能讓其他人成功的環境，並能體會他們在另一個不同的現實之下或許可以成功。

從這一點來看，領導者就需要有一點「wyrd」、或者用現代的話來說，要有一點「weird」（奇特）。才能從各方掌握事實的線索構成紋理，納入每一個人的利益與忠誠。

誰先看到變化？

珍妮特・達莉（Janet Daly）在《電訊報》（*The Telegraph*）[6]裡發表一篇文章，寫到領導者顯然相信，如果對他們來說事情並沒有任何改變，那麼，對其他任何人來說也沒有改變。

> 沒有人體察到事情變化多迅速，適應力與彈性在這個變化多端的環境下有多重要，甚至連負責相關問題的人都不知不覺。

中立狀態最寶貴的一點或許是其可滲透性，白話來說，是在中立狀態下可以用開放的態度面對情境以及情境的要求，這是領導願景的重點。提出想法、甚至看到想法的人不一定要是領導者，領導者只需要營造出能賦予構想生命的環境。這表示領導者要有能力容納多元性，甚至要接受非傳統思維，包括考量非正統的資料來源與用非慣常的方法結合資訊。領導者不僅要負責營造容許創新的環境，也要營造出可落實創新的環境。要做到後者，領導者必須累積一定的經驗。澳洲心理學家弗雷德・埃默里（Fred Emery）說：「與其不斷去適應改變，何不變成有適應力？」[7]這話說得甚好。這是領導者要扮演的關鍵角色。他們要幫助團隊具備適應力，而不只是能去適應。

模型中的開放性如何協助我們？

開放性模型

在評估領導如何滲透到構想中時，我們要知道的是新構想總是透過小眾觀點出現，就連大家都毫無異議接受的構想也是一樣，一開始都是小眾觀點，後來才傳播開來。但這裡的重點是領導要能滲入多元思維與小眾，才能感知到創新。我們就要來探討這個論點背後的道理。

以下的模型凸顯了總是和同一群人（尤其是跟他們自己很像的人）談話的領導者，不太可能看出新構想。他們或許可以抄襲新構想，但不太可能找到新構想（參見圖5.4）

我們可以用類似的方法，套用模型來辨識自我中心行為：我們用兩個不同的坐標軸相交，「我」和

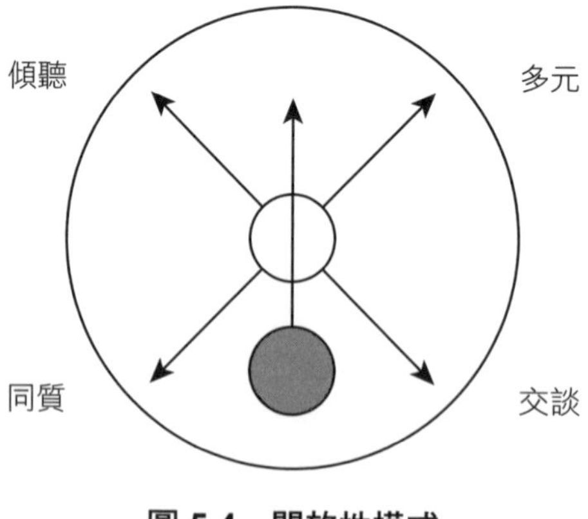

圖 5.4　開放性模式

「我們」、以及「傾聽」和「交談」（參見圖 5.5）。同樣的辦法也可以套用到永續性。

這說明了為何當領導者以自我為中心時會有損創新：領導者把自己的需求放在團隊的需求之前。

領導者創造樂見改變的環境為何重要？

這是因為，不管任何團隊，唯一真正的優勢就是有能力適應改變。所以，這種態度很重要。發生重大改變的時刻，就像波濤洶湧颳起大風，如果好好善用環境，就可以大幅推進團隊。重點在這裡：只有極少資源的「零狀態」領導者，能善用環境力量以及團隊的才華和潛能。

「零狀態」潛力，可以大大嘉惠有能力抓緊機會的團隊成員。當團隊被迫進入新環境並碰上新經驗，

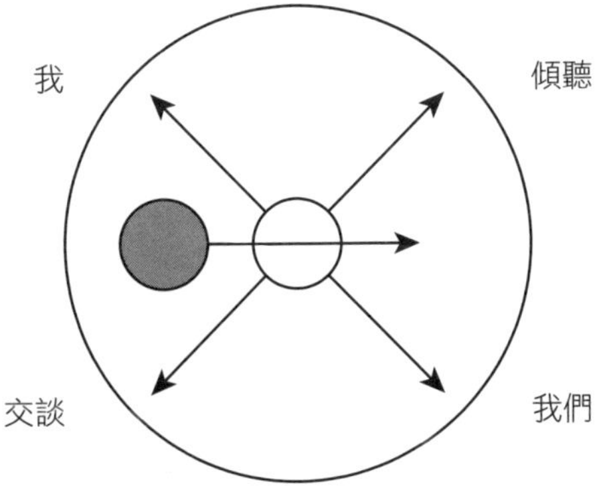

圖 5.5　自我中心模型

可以培養出新的能力和信心。這樣的連帶發展，可以讓團隊無比緊密，同時又享有開放的文化。

當組織和團隊成功地以開放的態度順利度過變化，就可以創造出方法不斷致勝。成員間的互相信任滋長，更容易因應變局。

我們常會想從抽象的角度來想變化這件事，但實際上我們講的不是變化，而是事件。我們打造團隊是為了因應事件，而，每一個事件都不同，每一種處理起來都需要不同的技能和經驗。遭遇的事件愈多，團隊也就愈能幹。這也是「零狀態」思維很重要的原因：有助於加快團隊發展技能的速度，還可以讓團隊快速理解變化。

為何某些組織適應新概念的速度很慢？有時候，問題在於流程的僵化與一成不變。就以軍隊為例，軍隊的根基，是嚴格的程序與例行公事，軍隊裡有一些權力很大的現職人員。軍隊的設計，本來就意在要營造高度的凝聚力，不太能容許個別性。

領導的沙漏模式

英國皇家海軍（Royal Navy）在這方面有一條很有意思的哲學。沙漏代表了海軍領導的兩項紀律，前面一半是，軍人必須服從如山軍令。這一條紀律在交戰時很有必要，戰爭時命令最重要，每個人都明白。但是在較高的領導階層，領導者必須要能獨立運用計畫與行動。與他們在軍旅生涯剛開始時學到的東西對照之下，這簡直是完全相反。

這兩種看起來顯然相左的概念要如何協調？這就是領導的挑戰：各種看來無法協調的概念彼此相接之處，便是領導要存在的地方。領導者如何辦到？信任與正直誠實是激發出信心的重要元素，這在組織中不管是向上或向下都適用。只有透過一貫地應用團隊的價值觀，才能累積出信任與正直誠實。

皇家海軍會談尼爾森才能（Nelson Touch），尼爾森是皇家海軍最了不起的將軍，他的帶兵方法當然仰賴紀律，但也要依靠獨立思考和自主行動。英國在一八〇五年打特拉法加戰役（Battle of Trafalgar）時本來擬定了一套作戰計畫，但尼爾森知道一旦開戰這套計畫必定會潰敗。他的軍令便預見了這一點，他對麾下的士兵下了一條很簡單的公理：找出離自己最近的敵人，然後近身作戰。

有一派的思考認為，領導者永遠都應該是團隊的一部分，要和團隊在一起，要體驗團隊的體驗。

這是一種偽善的態度嗎？嗯，是的。領導者必須憑著更高度的信任來做事，也正因為這樣，領導者才是一個很特殊的位置。他們必須全心全意為團隊的福利與幸福著想。

沙漏代表了領導需要不同的技能。從一邊到另一邊的跨越點，便是消失點。這裡就是我們之前討論過的零空間，也是一個入口，是領導上的矛盾顯露出來的樞紐或者說介面。少女在這個點上變成母親，男孩在這個點上變成男人。十九世紀美國知名詩人老奧利弗・溫德爾・霍姆斯（Oliver Wendell Holmes）說：「年輕人懂規則，老人懂例外。」[8]道盡這一個點的精髓。在這個點上，陰與陽相會、生與死相會、天與地相會。這個點提醒我們，有時候需要激烈的改變，不然的話，所有自然而然落下的沙都會堆積在沙漏的底部，安安靜靜地在那裡。我們得把沙漏翻過來、我們要改變思維，成為嶄新的人。

改變文化

不管是以個人或群體來說，改變思維都很難。要人去改變思維，最嚴重的就是毀了對方的信念體系，而，所有的文化、傳統、儀式和榮譽，都是以信念體系為基礎。每個人與每個社群的核心，都有一套信念體系。領導者自己的「力場」，就是體系中一個重要部分。領導者要成為眾人心目中代表社群中堅持信念體系價值的人，堅守價值觀與信念體系，沒辦法列成「待辦事項」清單上的一個項目，只能用「待成」事項來表現。你沒辦法展示價值觀，只能實踐價值觀。稍微有點差異，都會讓人對領導者失去信心。

這引導我們來談民主當中的一項根本矛盾：當選的人是因為拿到大多數人的票才選上，但之後他們卻要用很多時間去服務少數人。從這點來看，大多數人投票給某個人，是因為他會去處理小眾群體的問題。這聽起來很諷刺，自己這一方選出來的領導人，卻最能代表另一方。

小眾為何重要？為何不能乾脆忽略小眾？簡單的答案是小眾的觀點永遠都是推動未來的力量。

領導者是「異類」

所有小眾都是異類，因為他們無法代表慣例。領導者的工作，是准許「異常」存在。這聽起來有點奇怪。美國音樂家法蘭克．扎帕（Frank Zappa）說的很對，他說：「沒

> **堅守價值觀與信念體系，沒辦法列成「待辦事項」清單上的一個項目，只能用「待成」事項來表現。**

有不同於慣例的異常，就不可能有進步。」[9]如果每一個人的觀點和想法都相同，就沒有太大的創新空間，更遑論進步。

歡迎人們提出構想的環境，不會用構想的出處來評斷。講起來，某個有點異類的概念是好事。異類一詞本身就語帶貶抑，暗指不同是錯的，相似才是對的。這裡沒有對錯可言，這只是一種判斷。

領導者傾聽小眾，擴大自己的範疇；領導者傾聽小眾，深化自己提供的支持。當領導者表現出對小眾感興趣時，也就表現出他們對未來感興趣。

「新」引發的情緒分歧

現有的規章作法符合邏輯，也為人所熟悉，「舊」已經過嘗試並通過測試，這裡也是大多數所在之處，也就是慣例。另一方面，新穎則向來會引發情緒。「新」會挑動興趣與興奮，但也會引發對未知的恐懼，也因此，使用「新」這個形容詞通常是一個引來關注的方法。

美國奉行的座右銘是「E pluribus unum」，合眾（或者說合少數）為一，美國比較能接受新概念，很大一部分的原因可能就在這裡。

我們在很多地方可以看到小眾群體的力量，像英國就有反抗滅絕與脫歐黨，美國則有茶黨。對很多川普的支持者來說，他也代表小眾的觀點（至少他們是這樣認為）。當有人在媒體上營造自由開明的共識，很可能變成引發反抗的力量。

當小眾無望得到代表性時，他們就會失去信念，不願意參與整個過程。美國二〇二〇年總統大選的投票率很低，就是因為這樣。英國二〇一九年大選的投票率也是百年以來第五低。

同樣的道理也適用於團隊。當某些成員覺得領導者不能代表他們時，團隊的凝聚力就開始潰散。就因為這樣，領導者必須密切掌握少數小眾的觀點。

小眾觀點是新聞

小眾的概念也適用於新聞，因為所有的新聞報導都代表了小眾，這是一種意外心理學。如果這件事隨時都在發生，那就不叫新聞了。「狗咬人」是大眾，「人咬狗」是小眾，這也創造出媒體常描繪的扭曲觀點。

舉例來說，英國前首相波里斯・強森（Boris Johnson）與川普還沒有獲得政治上的最高領導地位之前，便早已是電視螢光幕上的知名人物，這並非偶然。

到了現在，有沒有可能即便是小眾故事，但力道已經變的很強，導致新聞報導決定了結果？比方說，川普的總統競選活動可以吸引到的觀眾更多，這就會是媒體想要做的報導。小眾故事代表了更多的神祕，因此增添了更多價值。

接受量子疊加

無窮盡領導有一個關鍵概念很難掌握：領導者必須在不同極端之間快速移動。就讓我們以分析性的思維為例。把深入鑽研和眼觀四方同時放在一起，聽起來很困難，但做起來則簡單的多。我們怎麼知道？因為極端向來需要訓練。我們在中小學以及大學教授基本的理性智性，才發展出西方的化約主義；每一個宗教都會訓練正念和思索冥想，這些都會因為練習而更加精進。那麼，我們又為何不能發展出一門新的無窮盡學科，教授把兩者並置的能力？

如果想要培養真正的能力，重點是要聚焦在如何運用時間。這不是說我們要不眠不休，時時刻刻都在培養能力，我們都知道能力不是這樣培養的。你如果沒有培養出吸氣的力道，就沒有辦法強力地呼氣。展現領導也是這樣，如果我們渴望達成平衡，那麼，我們就要思考領導會如何影響我們。如果你必須一天工作十八個小時、一個星期工作七天，這合理嗎？如果你的老闆要求你工時拉到這麼長，你有什麼感覺？你可能會抗議，因此，當你成為領導者，你就必須要管好自己，你必須負起責任。

如果你希望自己最終能展現犀利的專注力並能執行高強度的活動，那麼，你要培養出相反的能力。這不只是休息而已；對某些人來說，需要的是大量的休息。這表示，當你沒在工作時，要做一些需要投入全副心力的工作。舉個例子來說，很多商界領導者都非常投入運動，理由便在此。

但這不見得適合每個人，就算可以，邁入中年以後也會慢慢無法持續下去。這表示，在某個時間點，你必須精通完全放鬆這件事。對某些人來說，這指的是要主動且刻意地學習如何做到什麼都不做。這可以靠冥想達成，但其他各式各樣的活動也可以。

很多人會把時間花在追求尋找管理模式。然而，只有把重點放在平衡的模式，才能做到長期有效。要做到最高層次，需要的是專注和聚焦，能長達幾十年持續這麼做需要另一種天賦：有能力做到什麼都不做。

在高績效者耳中聽來，這是一個很奇怪的概念。但，當你什麼都不做，你的身體會修復，你能整理自己的想法思緒，你也會回補被耗盡的能量。千萬別忘記，當你什麼都不做時，事實上你是做了很多事。

這也和你能不能信任自己有關。要創造願景需要時間，當你想出來一個基調，等你開始討論時通常又會再變化。此外，你不會只是創造出一個願景。每遭遇一個問題，你都需要有一幅遠景，看到如何用正面的態度解決問題。

壓力大的領導者當然並不平衡。壓力會讓人暫時覺得失去坐標方向，要重新找到位置，領導者有時候可能會退回舊的行為模式以應付眼前問題，這樣做最後雖然會有進展，但也錯失了時間。壓力也有可能讓人付出人際關係上的代價，也因此，花時間重構問題非常值得。重構可能會讓人覺得進度緩慢，但長期來看，反而能加快腳步。有一個重構問題的好方法是好好向同事說明，然後徵詢對方意見。在這個時候，我們可以講出領導者詞庫裡最強有力的四個字：「你認為呢？」這不代表領導者已經糊塗了，而是徵求同事表達想法。

千萬別忘記，當你什麼都不做時，事實上你是做了很多事。

領導者發現自己碰上壓力時，有時候會想要自己解決問題，他們不明白自己這麼做正助長了壓力。這也正是領導者的自我覺察很重要的原因。這個世界有時很封閉，領導者可能覺得自己是完全孤軍奮鬥。此時他們需要成為自己最好的朋友，往後退，以找到其他視角。

所有領導者都會犯錯，但重點是怎麼犯的錯。如果是因為真心想要嘗試做新的東西結果失敗了，這是可以諒解的；若是因為重複的行為模式而一再重蹈覆轍，就不太值得原諒了。體認到模式是重點，這可以納入三百六十度的評鑑當中。

所有重大意外通常都是因為一連串的小失誤所造成，同樣的，所有管理上的失敗當中都有失衡的因素。我們到處都可以看到線索：失衡一開始會出現在領導者本身，他們可能正在追求錯誤的目標，也可能分心了、投入的關注不夠。領導者如果看不到自己身上的失衡，就無法看到其他領導者身上的失衡。也就因為這樣，他們需要花時間好好思考一下組織這件事。當他們高速運轉時，是沒有辦法做到這一點的。

領導者能站上這個位置，是因為他們在某個領域成功了。他們之前的成功仰賴的是運用想像力和觀點不斷自我查核，所有出色的領導者都有能力以有創意的方法來善用焦慮。

這表示，領導者需要不斷找到不同的方法，從各個標準來衡量平衡：

局部—全面
男性—女性
戰術—策略
短期—長期
我—我們
家庭—工作
執行—思考
靜態—動態
個人—組織
年輕—年長
同質—多元
自然—人為
現在—未來

史考特・史蒂芬森（Scott Stephenson）在《富比士》（*Forbes*）[10]雜誌上發表一篇文章提出總結論點：

好的管理，是用有紀律、有規劃的方法來執行組織的活動，確保工作協調一致，創造出樂見的成果。要從內部負責營運者的觀點好好理解需要什麼、想要什麼以及工作如何進行，在落實工作的時候要知道目前以及進入未來時需要哪些資源，才能用規劃好的方法確保未來幾年營運可以持續下去並獲得支援。這是好的管理，這也是在任何時候能創造出成果的力量。

相對之下，領導就不只關乎要把今天擁有的資源調整到最好的狀態，也要讓組織長期能把潛力發揮到最大。領導要確認核心價值提案與企業承諾有扎實的根基，要努力思考企業核心職能的互動以及這個世界想要什麼、需要什麼，還有如何把這些都整合在一起。領導要幫助人們成長，要影響重要的事以及應該得到關注的事。領導是設定文化。說到底，領導的重點在於定義要重視哪些東西。

現實混雜的世界

愛爾蘭詩人葉慈（W. B. Yeats）說：「這個世界充滿了神奇的事物，請耐心等待，我們的感受會愈見敏銳。」[11]領導者的工作是要去理解、去注意，如果領導者太自戀，就很難做到這一點。傾聽他人與注意到各種事物，都是需要花時間並運用技巧的事。人就算受過很高的教育，也有可能看不到最重要、最核心的徵兆。這很困難，因為我們要覺察太多重的現實。

這是什麼意思？每一次領導者花時間和員工、顧客、股東、清潔人員、銀行家交談時，都會遭遇不同的現實。有一個很好的衡量標準，你可以試著想像每天有十種不同的現實和觀點，這些都會讓領導者更深入認知，讓領導者更理解到底需要什麼。

領導人要面對的問題是，現實的狀態會改變、會重新安排，要有能力看到現在還不存在的事情並衍生出價值。領導者有一部分的工作是要理解領導的魔法。領導的魔法不是來自於自我中心觀點，恰恰相反。領導是要有能力用正面的方式善用魔法，體認到來自領導階層的讚美與批評都會被放大，因此要小心善用。力量是為了創造出效用，而不是權威。

領導人要面對的問題是，現實的狀態會改變、會重新安排。

有些同仁面對權威時有可能會很緊張。有時候，有權威的人很樂於去感覺權威帶給他們的力量。雖然權威是部屬一定要面對的現實，但領導者必須問：「我們一同努力，為的是想達成什麼結果？」如果領導者只是想要賺錢，那就不是領導，金錢永遠都是成功文化的副產品。只把最終目標放在賺錢這件事上，就是為能理解創造出財富的原因是什麼；財富必須要出自於可長可久的來源，才真的能夠持續下去。

領導者是把光帶進來的人

領導者可以運用他們創造出來的力量與關注來嘉惠同仁。當領導者讚美團隊成員，會導引出很大的力量，這是一種信心的力量。領導者讚美人不用花成本，但要想一想他們要如何善用自己的地位來激勵其他人。

領導者在這方面可以創造出普羅米修斯效應（Promethean effect），帶來溫暖、照亮黑暗。就因為這樣，他們能不能和組織裡各個層級的人對話，是很重要的事。如果你身在一個明亮溫暖充滿啟發的環境中，會有什麼不同？首先，這有助於引導個人。忽然之間，有人理解認同了他們是在什麼樣的脈絡下工作，這讓一切都變得合理正當了。得到領導者的關注，可以讓員工自我定位，在情緒面如此，而且在組織面也同樣有用。偉大的領導者有能力改變現實並深化認知領域，這麼做的話，就能讓員工畫出他們自己的路線圖。這張路線圖無關地理位置，而是代表了現實，就像領導一樣。當某個人說「我迷失了」，這是一種情感上的說法，也是一種事實性的說法，這並非巧合。

附帶一提，這樣的引導對領導者也很有好處，他們自己也可以像團隊裡的其他人一樣受益。很多領導者在成功之後就被孤立了，他們的心理狀態也隨之惡化，比方說美國知名大亨霍華・休斯（Howard Hughes）、政治人物威廉・赫斯特（Randolph Hearst）還有麥克・傑克森（Michael Jackson）。

領導者對於歷史的詮釋，也是這當中的關鍵部分。喬治・歐威爾（George Orwell）在《一九八四》（*Nineteen Eighty-Four*）裡寫道：

> 「誰控制過去，」黨的標語說，「誰就控制了未來；誰控制現在，就控制過去。」[12]

為了說明這句話的意義，書中主角溫斯頓・史密斯（Winston Smith）舉了大洋國（Oceania）與歐亞國（Eurasia）交戰的事為例。黨宣稱大洋國一直以來都和歐亞國交戰，但溫斯頓清楚記得，四年前，大洋國和歐亞國一度是盟友。然而，這件事僅存在於「他自己的意識裡」，因為黨重寫了歷史，兩國同盟這件事從未發生。

這種對事實的操弄，或者用溫斯頓的話來說叫「控制現實」，有助於黨的永垂不朽與極權權力。黨不管說什麼人民都會相信，因為黨連歷史都重寫了。

書中另有一個角色伊曼紐・高斯登（Emmanuel Goldstein），根據領導集權主義國家大洋國的黨所指，高斯登是國家主要敵人。他寫的書很值得一提，高斯登在書裡進一步解釋了黨如何控制過去：

> 過去指的是紀錄與記憶都認同的東西。由於黨完全控制所有紀錄，同樣也控制所有人民的心智，說起來，不管「過去」是什麼，都是黨選擇製造的東西。

我們大家的過去現在都放在社交媒體上，如果那裡找不到某一段過去，那麼，那可能就沒有發生過。也因此，團隊才那麼重要；團隊的集體記憶與共同的經驗，是文化存在的根基。

領導的教練指導

現在有很多指導人們如何領導的教練，但你現在要聽的最重要的聲音，是你自己。領導者和每一個人的關係，首先會由他們和自己的對話來決定。

你或許可以強化領導能力，但是，從領導的本質來看，我們無法有制度地教授所有領導要面對的最重大挑戰，只能靠著自主學習才能全部完成，而這是一個無止盡的過程。長期來說，領導者最重要的人際關係，就是和自己之間的關係。

理解閾限狀態的重要性

閾限狀態（liminal state）是發生在兩種狀態之間的狀態，特性是曖昧不明、漫無目的或是自由自在。當人只能出現在某個特定世界裡，通常只會助長西方化約論者的分析；而在兩種不同的狀態間來去，被視為一種很神奇的時刻，在出生、死亡、婚姻、某個年紀來臨等時刻，可以體驗到這種狀態。羅馬人認為，從橋的一端跨過河水走到另一端，是還願給下方的河流。[13]

這是一種很好的狀態，領導者可多練習如何身處在其中：穿梭在顧客與供應商之間、員工與管理階層之間，或是投資人與公司之間。要能做好，領導者需要跳出自己身邊的舒適圈。

做白日夢

做白日夢應該是你最不可能跟動態領導聯想在一起的事了，但這也是「零狀態」很重要的一個面向。

湯姆・雅各布（Tom Jacobs）在《太平洋標準雜誌》（*Pacific Standard*）上發表一篇文章「遊蕩心智的創意」（The creativity of the wandering mind），[14]他說：「任想法四處遊蕩的不花心思任務，可以成為創新的催化劑。」他文中描寫的，是加州大學聖塔芭芭拉分校（University of California, Santa Barbara）的班哲明・貝爾德（Benjamin Baird）和強納森・史庫勒（Jonathan Schooler）在META實驗室（META Lab）所做的研究，本項研究主要的焦點放在記憶、情緒、想法與認知上。

貝爾德與同僚同時找來一百三十五個年齡層分布在十九歲到三十五歲的人做實驗，以受試者在典型的非尋常用途任務（Unusual Uses task）上的表現來衡量他們的創意。每位受試者有兩分鐘的時間，他們要針對特定物品想出最多使用方法，比方磚塊。除了數量之外，他們的答案也會根據原創性、彈性和詳細程度來評判。

所有受試者一開始要先針對兩個物品回答問題。之後，其中四分之一的人要花十二分鐘去做需要用腦的任務，需要全神貫注；另外四分之一的人也花同樣的時間去做不用腦的事，他們只需要「偶爾回應」即可。第三個四分之一的人則接到指令，休息十二分鐘；最後四分之一的人不休息，直接切入正題。

之後，這些人還要做四輪的不尋常用途任務測試，其中兩次是重複他們做過的測試，用相同的物品來想，另外兩次則拿來新的物品。

在中間做過不太需要用腦的事的受試者，得分明顯高於其他任何一個類別（包括先休息了十二分鐘的群組），但是，分數的大躍進只發生在他們第二次碰到同一種物品時。如果看到的是新物品，他們的表現也並未優於其他群組。

這樣的結果指向他們的創意解決方案「來自於蟄伏過程」，所謂的蟄伏過程，「特色就是心思非常自由地遊蕩」。有了機會再細想之前看過的兩組物品（這都要感謝他們在中間做了相對無須用腦的事），等到之後再度回到同樣的問題上，他們也想出了更有創意的答案。

研究人員不確定原因何在，但他們說神經成像（neuroimaging）研究指出，心思遊蕩時，幾種不同的腦部網絡會互動。他們猜測，這種「相對罕見」的狀態很可能帶動了創意思維。

但，為何去做無聊的事的人表現反而比完全休息十二分鐘後的人更好？這不可能有確切的答案，但或許是因為他們的心思可以自由自在地去想，完全飄到某個地方去了；有可能某個讓他們覺得很開心（或很有挑戰性）的主題，占據了他們全副的注意力。

這當中的意義很有意思。我們無法用科學證明，但，如果工作導向的思維和做白日夢之間的差異，會因為自由自在的思考而愈拉愈大，那會如何？這表示，如果大腦可以漫遊，而不是完全聚焦在狹隘且理性導向的西方化約主義上，會更有創意。與其強迫心智踏上典型的分析之路，不如多給心智一點餘裕和信心，可能更容易找到替代的解決方案。沒有哪一個系統一定比較好，理想的解決方案是在兩者之間達成平衡。

半夢半醒之間

漫遊狀態可能比我們想的更常見。有一種半夢半醒的狀態，介於清醒與睡著之間，在這個時候，意識開始扭曲變形。我們一天要跨過這條界線兩次，有時候甚至更多。每一次，我們都會想要快快經歷過渡期，急著要完成整個過程，少有人刻意想要以有益的方式來應用這個過渡期。嚴謹的化約論思維在這個時候會開始渙散，慢慢變成白日夢。這種狀態稱為半夢半醒之間（hypnagogic），多年來僅得到研究人員的零星關注，但近期有一系列研究重新燃起人們對這段朦朧時刻的興趣，希望能就此揭露一些和意識有關的根本事實。

瓦爾達斯・諾雷卡博士（Valdas Noreika）是劍橋大學神經科學研究人員，一直以來，他研究的是語言入侵（linguistic intrusion）。白話來說，是心智從放鬆過渡到困倦狀態期間，人會在內心與自己的對話，語言入侵是指過程中忽然出現未可預知的反常。語言入侵常會伴隨著半夢半醒經驗出現，最常見的是感知上的景象出現變化。用腦電波（EEG）來衡量大腦不同部位的活動，可以用科學的方法來說明這種現象。

基本上，諾雷卡博士說，在困倦種態下，大腦不同半球間會用比較隨機且意外的方式互相連結，效果類似俗稱搖腳丸或一粒沙的迷幻藥LSD。

二〇一八年四月時，研究員亞當・鮑爾（Adam Powell）在《刺胳針》（*The Lancet*）[15]上發表一篇文章，他寫道：

在西方想法發展過程中，二分法影響力很大，把心智與靈魂視為與大腦和身體相對，把去感受視為與去認知相對，把清醒視為與錯亂相對，把幻覺和錯覺視為與事實和真相相對。確實，即便到了今天，常見的精神病理論在討論原因與結果時仍以現實監控（reality monitoring）當作標準：有人可以掌握現實，有些人不行。這些概念可以往回推到很久以前，不會晚於亞里斯多德的認知理論，還有大批的歐洲哲學家，例如米歇爾・德・蒙田（Michel de Montaigne）、湯瑪斯・霍布斯（Thomas Hobbes）和笛卡兒。

鮑爾指出，笛卡兒催化了個體的二分論，使得哲學家把個人認同放在「可持續下去的精神心智，而不是會腐朽消逝的身體」。對於像神學家喬瑟夫・巴特勒（Joseph Butler）和哲學家兼醫師約翰・洛克來說，個人認同是內在的。但，如何區分外在與內在？心智可能欺瞞感官，或者反過來嗎？在清醒與睡眠之間的閾限狀態下，這類欺瞞明顯可見。

舉例來說，笛卡兒寫過一篇論文「光學」（Optics）[16]，他體認到藝術上描繪圓形時常畫成橢圓形，這是因為心智會透過並不完全相像的圖像來解讀眼見的物體。確實，眼睛看到的影像是相反的，要靠腦子解讀。

但這只是講到一個人快要睡著或是快醒來之時的狀態，隨著精神病學的發達，也出現了另一個可能。法國有些精神病學家就強調半夢半醒狀態的豐富，例如阿爾弗雷德・莫里（Alfred Maury）[17]。事實上，早在一八四八年就發明了一個詞「半夢半醒幻想」（hypnagogic hallucinations），可以用這種方法來匯聚清醒與睡眠間過渡期會出現的視覺、聽覺、觸覺與情緒現象。

鮑爾說，超過三分之一的人說他們有過這種經驗，這很值得一試。西方化約論的理性狀態受阻或淡化時，必會出現替代的方法，顯然合情合理。這可說是很像精神分析治療特有的流程「自由聯想」（free association）。

傳統上，半夢半醒狀態是猝睡症（narcolepsy）研究中的一部分，猝睡症的人大腦無法分辨清醒與作夢，這很可能導致幻覺。但半夢半醒也是進入睡眠的正常過渡，始於困倦開始影響心智，終於完全失去意識睡著了。這個過渡期很短暫，通常還沒注意到就消失了，然而，當你覺得想睡時持續仔細關注內心的體驗，會聽到好奇的聲音、抽象的畫面並感受到不斷跑出來的想法。

為了因應曖昧不明而做訓練

實驗性的技巧範疇甚廣，這說明了替代方法很多，但也指出了制度性訓練的狹隘之處。面對「不正統」的想法，我們直覺的反應就是拒絕。這種反應不讓人意外，因為邏輯分析訓練本來就設計成要排除一開始看起來不理性的事物。這裡的迷思是，邏輯是很嚴肅的事，玩樂不是，但兩者事實上是同一個過程的不同部分。當你只有理性邏輯，基本上這是一種阻礙。你只能處理一種現實，但，平衡的領導是要能時時覺察不同的意識狀態與現實。

理性邏輯是代表平庸的重要象徵之一，追求篤定則是中階管理階層的想法。領導者必須與曖昧不明融為一體，那麼，且讓我們針對這一點來訓練領導者和我們自己。我們可以把這講成是個人「沙漏」的一部分。首先，我們要學化約論的方法，接著，我們要知道這並不是全貌，我們還沒有完成教育，因為我們永遠也學不完。制度性訓練的問題是，當你完成某個資格時，正統的學習也就隨之結束。

摘要

「零狀態」帶來了很多機會，讓我們能達成平衡，並理解存在於兩個極端間的閾限狀態很重要。我們在不同的領導階層要達成的平衡並不同。我們以模型的坐標軸改變為核心，去理解某個連續面與另一個連續面之間的平衡在哪裡。在現實中，這是更接近領導真實挑戰的開始。但我們要追求的不僅是兩個坐標軸間的平衡，而是要考慮許多不同的軸，這麼一來，領導就變成像小孩的玩具一樣：這是一個要放在多個軌道上的球，領導者要讓球從各方面來說都同時位於中間的位置。

領導必須從各種不同面向來看，領導也以各種不同的方式存在，會不斷改變位置，從不同的脈絡檢視情境。無窮盡的任務不單是要保持平衡，還是隨時做好準備，快速且有彈性地部署到極端。

留在無窮盡的「零點」大有好處，要走到任何極端點，這裡都是最近的距離，可以快速部署，我們要探索這要如何應用到新的經濟活動類型，以及與我們現有的相比之下又如何。

第6章

零經濟學

這個模型如何影響我們對經濟學的理解？可以用來解釋新創公司的成敗嗎？目前的投資思維算成功嗎？這種思維是讓公司與領導團隊內部更平衡還是更不平衡？投資思維失敗有何意義？這套資本體系扼殺了大多數體系中的企業，但仍被視為不是最糟糕的系統，怎麼會這樣？這是我們所說的平衡嗎？疫情會如何改變這樣的局面？

每個國家經濟體的聖杯，都是要達成平衡。各國政府花了很多時間平衡經濟體，或者試著讓經濟體稍微偏向某個方向。

我們確實覺得經濟一直都在失衡，差別只有不同的時間點發生的失衡事件不同。有時候，經濟快馬加鞭發展，進入讓人神經緊張的瘋狂成長，資產價格高到令人坐立難安。我們無法開開心心接受創新低的失業率與創新高的股價；反之，我們通常認為這些利多數據代表了厄運即將到來。然而，每當市場節節高漲時，人們會因為沒趕上致富列車而悔恨，儘管保守觀望，最後往往也是在高檔時買進資產。有時候，經濟體則充滿了危機、衰退與即將崩潰的威脅，這時候就不太會有人說：「此時真是投資未來的好時機。」反之，大家都相信之後還會更糟，希望能在危機使得經濟跳崖硬著陸之前變現出場，最後都發現自己賣在低點。

在此同時，決策領導人用他們的工具和安全機制東拼西湊，推出貨幣與財政政策、利率、稅務誘因，甚至訴諸道德勸說，設法把經濟推回平衡。但，我們對於現實的決策者和經濟學家沒有太大信心。再也沒有人相信經濟是可以自我修正恢復平衡的機制，再也沒有人相信過去用來撐起經濟學研究的「理性人」。這個人顯然已經變成了「非理性人」了，為何會這樣？如果說，基本上我們在一般正常的狀況下對於經濟發展的感受就是恐懼，那麼，我們永遠都會想要找到一個超級英雄、一個救世主，由他神奇地救起我們，擺脫經濟看來隨機發生的變幻無常。我們希望在經濟動態的心律不整害我們心臟病發之前先得救。看起來，我們已經把失衡當成新的穩定狀態。

失衡錯失機會

其實我們已經有現成的超級英雄了，但不是你想的那個人。此人不是我們把資本和存款放到他那邊的銀行家，不是商業雜誌封面或是主流報紙頭版上的企業主。我們講的這類超級英雄最擅長以高效率調度資源，但通常無法取得資本、人脈、資源、教育或外部資源，而他們也剛好是現在美國成長速度最快的那一群企業家領導者：這群人就是女性，尤其是有色人種女性。美國運通（American Express）[1]委託研究機構做了一份報告，提到從二〇〇七到二〇一八年在美國由女性擁有的企業成長了五十八%，由黑人女性擁有的企業則成長了一百六十四%。二〇一八年有二百四十萬家由非裔美國女性擁有的企業，這些女性企業主的年齡大部分都藉於三十五歲到五十四歲。堪薩斯聯邦準備銀行（Federal Reserve Bank of

Kansas）說，在有色族裔或人種群體中，黑人女性是第二大的企業業主族群，僅次於黑人男性。[2]

多數投資人（比方說創投和私募股權公司）都在找這個救世主，但很遺憾的，即使他們應該要找到她的，但結果卻令人失望。美國創業公司資料網站關鍵基礎（CrunchBase）的消息指出，獲得創投資本挹注的企業創辦人中有七十七．一％是白人，不管是用性別或學歷來看，結果都一樣；一％是黑人。女性創業家只有九％能獲得創投資本，拉丁裔的創業家為一．八％，亞洲裔則為十七．七％。[3]這有什麼問題？

投資人常說他們不投資企業，他們投資的是人。他們這麼說的意思非常明白，他們投資有遠見的人，希望看到一家企業成為會快速成長、報酬豐厚的投資，也就是業界所說的「獨角獸」（unicorn）。

他們想要投資的企業，是估值能在短短幾年內達十億美元的公司。要把企業從地下室或家中餐廳推到獨角獸的地位，需要很多不同的技能。投資人要找的企業領導者，是已經具備必要技能、朋友人脈與企業關係的人，以幫助公司擴大規模。如果你去唸商學院，你很可能

> **在有色族裔或人種群體中，黑人女性是第二大的企業業主族群，僅次於黑人男性。**

就會成為這類人脈關係網中的一員，但黑人女性創業家不會去讀商學院。一般來說，黑人女性經營的小企業甚至不被視為新創公司，人們說他們只是還過得去而已。不管怎麼說，這群人的效率都更高。但如果大家不認為他們經營的是規模可擴大的企業，機構法人就不會投資。

擴大規模是很特殊的技能，牽涉到要集結經銷夥伴，這些人不是什麼幫忙推銷的朋友，而是理解品牌的大型機構。擴大規模牽涉到累積協商實力，以壓低生產成本，還牽涉到法律技巧，讓企業可以保護自己免遭人竊取智慧財產以及避免離職員工回頭競爭。我們很難看到一個人具備所有技能，多數人會去找人脈關係專家（通常是在各行各業的朋友），向這些人諮詢並請求他們協助。我們講的這群超級英雄，沒有半點這類優勢。

失衡製造浪費

投資人都不會青睞緩慢、穩定的保守主義，也不要「平衡型」的長期取向創業家，他們想要高成長、高獲利的獨角獸企業，而且多多益善。獨角獸企業指的是短短幾年內估值便達到十億美元的企業。如今，報酬率達百分之十幾已經不夠了，投資人想要的是拿回幾十倍本金。要達成這個目標並不容易，多數時候差的可遠了。如果我們檢視透過首次公開發行（initial public offering, IPO）上市的公司，就知道在一九七五到二〇一一年間首次公開發行的公司，上市後前五年內的報酬率都是負值。[4]從一九八〇到二〇一六年，六個月的平均報酬率為六%。因此，很多人在找獨角獸，卻少有人有斬獲。

買進獨角獸企業的時機也很重要。就算你在亞馬遜的股價還是每股 x 元時就買進、也等到日後漲到創下新高的每股 y 元了，這也無濟於事；所謂尋找獨角獸，是要在亞馬遜、蘋果或優步（Uber）等企業還是一個人帶著一個點子在地下室或車庫單打獨鬥時就獨具慧眼，這樣投資人才能賺回幾十倍。這個階段的投資稱為種子資本（seed capital），風險極高，多數創投都失敗。然而黑人女性創業人在種子階段本來應該和同儕競爭對手有相同的立足點，但這一群超級英雄還是拿不到資本，那，誰拿走了？

投資人選擇的，不是使命導向的人，而是自我導向的人；會吸引他們的，是能自信地主張自己就是下一個優步、蘋果或金流服務平台史翠普（Stripe）的人；他們支持的是擁有人脈與人際網絡、讓他們可以擴大企業規模的人。私募資本生態體系主要偏好的是會飛的獨角獸，不去看以一人企業代表的腳踏實地勇腳馬。這套系統喜歡的，是能開心製造與修飾出好故事的人，不去管故事穩穩扎根在現金流與實際銷售額等沉悶事實裡的人。這說明了為何我們會看到某些很高調的失敗，有些最會說故事的人到頭來根本就是騙子。Theranos就是這樣，這是一家血液診測公司，他們打著高科技的旗號向客戶收錢，但公司根本知道自家的科技無用。

失衡演變出更多失衡

這些理由有助於說明為何某些早期的私募股權投資人會支持亞當・諾伊曼（Adam Neumann）。這位共享工作空間公司帷幄（WeWork）的創辦人，具備我們希望從超級領導者身上看到的所有必要特質。《紐約時報》（*New York Times*）寫說他擁有「一種筆墨難以形容的說服人魅力，熱愛風險」[5]而且：

> ……具備不可思議的讀心能力，不管是潛在投資人還是記者，他都能贏得對方的忠誠，向他們推銷他想出來的規模遍及全球「資本主義合作農場」（capitalist

> kibbutz）遠景。狂熱、永遠活躍的精力為他帶來很多好處，還有，聽起來很愚蠢的事，諾伊曼先生俊美的髮型和外表對他想做的事大有幫助。他身高六呎五吋（約一九五公分），一出現就占滿了整個空間。

他和一個好萊塢的家庭締結親家、他的妹妹曾當選以色列小姐，他創辦帷幄時很年輕，才只有三十歲。帷幄公司辦的各種派對真的很棒，等到情況沒這麼好時，他們也還是在辦派對。據說，他幾次開除員工之後到處請人喝伏特加。

他的願景弘大。他籌得了八十四億美元資金，理論上的估值來到四百七十億美元，但這家公司從來沒賺過錢。本來事情看起來都很美好，直到預計公司股票要發行到公開市場之前開始進行財務查核。投資人對估值有疑問，特別是這家公司前三年已經年年虧損十億美元，首次公開發行也因此被擱置。但私募股權投資人還是認同他的願景，高盛（Goldman Sachs）也很支持，後來便開始募資。《紐約客》（*The New Yorker*）雜誌說：「這家公司的賣點很讓人迷醉，但同時也同樣模糊不清。」[6] 願景是什麼？諾伊曼給全世界一個歡樂友好的工作空間，搭配齊全的色彩明亮家具、很酷的派對，以及新的工作倫理（包括不吃肉）。

領導者做的事和講的話開始出現分歧，這種事常有。諾伊曼宣布公司不會支付含肉品的員工餐點費用、他也不允許帷幄的共享地點出現肉品，但他本人仍然吃肉，還常常在辦公室內就當著其他同事的面吃，他的誠信就受到質疑。後來大家也看清楚了，他在比較重要的事情上也採用雙重標準，比方說，他沒有宣告就把自己的股票賣給員工，還把一開始本來就屬於公司的資產賣回給公司，比方說帷幄的商標，收到五百九十萬美元（後來有返還）。對多數人來說，這些罪狀比最後拉他下台的最後一根稻草嚴重多了：他在一個朋友的灣流 G650（Gulfstream G650）私人飛機裡留下一個穀片盒子，裡面有數量可觀的大麻（機組人員在以色列降落時發現此事）。如果他沒這麼做的話，可能現在還是這家公司的負責人。

種種劣跡再加上人們失去信心，使得這家公司在一年內就損失三百九十億美元。到最後，公司的大股東軟體銀行（SoftBank）還必須挹注二十億美元資金，才能阻止公司完全倒閉。諾伊曼辭職，但根據合約，他仍有權利再收取約二十億美元。有可能企業本身很棒，只是創辦人的領導很糟；或者，也有可能業務模式本身就錯了，但這個機率比較小。畢竟，房地產業也有其他公司經營類似業務，比方說雷格斯（Regus），後者就真的有賺錢。真正的問題是，與其他企業相比之下，諾伊曼為什麼能吸引到這麼多人對他感興趣並投資他？

很多理論都談到有哪些因素會帶動投資人的決定。彭博社（Bloomberg）的張秀春（Emily Chang）說，矽谷創投生態裡有一部分叫「男子烏托邦」（Brotopia）。[7] 她講的是，這些新創公司拿到投資資金之後，用來舉辦《浮華世界》（*Vanity Fair*）雜誌裡所說的最棒派對，「毒品多，性愛多」。[8]生態體系的這個部分，使得投資決策大有理由和財務報酬扯不上太大關係。另一套理論說，創投業者把大部分焦點放在軟體，他們不投資實質或涉及實體的標的，因為那效率不高。

但，更有效率是對誰而言？如果一家公司在社區內沒有實體據點，會對社區有幫助嗎？這重要嗎？當然重要，因為沒有實體社區就得不到應得的稅金，也就無法幫助社區維持平衡。

另外還有一個可能將女性與少數族群排除在生態體系之外的機制，由少數族群或女性創辦的新創事業一般都不是以軟體為主，因為多數女性都不是程式工程師。美國國家科學基金會（National Science Foundation）說，主修電腦科學的人裡女性只有不到十七％。[9] Google的軟體工程師詹姆斯・達莫爾（James Damore）曾經因為一份「反多元」備忘錄[10]一時聲名大噪，他在備忘錄裡說到，Google 裡之所以有少之又少的女性程式工程師，完全是因為要符合政治正確而已。換言之，就算女性進的了軟體工程領域，她們也不受歡迎，就連在矽谷也一樣。如果女性不寫程式、但投資人又只想要軟體，我們就看到另一個造成目前不協調局面的理由了。

保護資源

另一個問題更嚴重。如果我們更加謹慎地去配置除了金錢以外的各種資源，那會怎樣？人們現在開始隨手關燈、調高冷氣設定溫度，也有愈來愈多人用安靜的電動車取代轟隆隆的吃油怪大型車；新衣服也不「潮」了，人們想要重新賦予二手衣使命，以保護資源；也有愈來愈多人減少肉食量。但，沒什麼人去問領導者在使用資源上的效率有多高，尤其是我們認為在商業上非常重要的資源：資本。

投資流程裡或許本來就會有浪費錢這種事。專業投資社群本來就有虧損的準備，他們會預期有可能大虧。他們的預設想法是，只有十分之一的投資案真正能帶來豐厚報酬，其中兩、三件還可以，剩下的則全都會失敗。投資是高風險、高報酬的業務。機構法人和私募股群投資人不是為了社會理由而投資，他們辛辛苦苦的目的不是為了打造更好的社區。整體來說，他們需要讓報酬率達到三倍以上，才對得起他們收的手續費，也才付得起一般行政管理費用。如果報酬率低於十二%，就不值得冒險。在創投世界裡沒有人會支持會失敗的企業，他們都要挑贏家，然而，他們挹注的企業還是有很多都失敗了，應該說多數都失敗了。

科技關鍵網站（TechCrunch）發現，獲得創投資本支持的新創企業中，有九十六％都處於「損益兩平與完全大虧（請記得針對通貨膨脹做調整）之間擺盪」。[11]

我們要講清楚的是，雖然帷幄公司失敗了，但這不代表這套體系就沒用。超越肉品公司（Beyond Meat）生產純素與素食主義者的肉品替代品，在帷幄失敗那一年轟轟烈烈首次公開發行，公開發行之後股價上漲了七百三十四％。我們光是看這兩家公司在部署資本上的效率，就有可能看出箇中差異。二〇一九年十二月，CNBC的「最具顛覆性的五十家

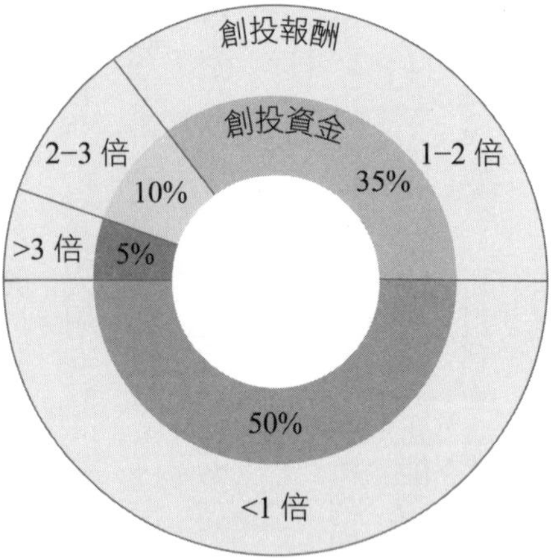

圖 6.1　創投的投資資金與報酬

資料來源：「金錢萬能」（Money Talks）投影片，吉爾・班－阿提茲（Gil Ben-Artzy），上西實驗室（UpWest Labs），參見領英投影片分享網（LinkedIn SlideShare），網址為 https://www.slideshare.net/gilbenartzy/money-talks-things-you-learn-after-77-investment-rounds (archived at https://perma.cc/L28K-UH24)

新創公司」（CNBC Disruptor 50）中發表一篇極具洞見的帷幄公司分析，執筆人是研究機構長期關注資本（FCLTGlobal）的執行長沙拉・威廉森（Sarah Williamson）與常務董事芭可媞・米爾坎達妮（Bhakti Mirchandani），他們把帷幄和超越肉品、優步以及來福車（Lyft）拿來做比較。簡言之，結論是帷幄的成本失控。他們說：「募得的資本和花掉的資本差額、資產正常化等指標，在預測上很有價值。和這裡提到的其他公司相比，與資產相對之下，他們（指帷幄）花掉的錢比較多、募得的資本比較少。」[12]

請注意，優步是另一家即便遭到行為不當指控仍成為獨角獸的公司，他們的罪名包括內線交易、發生意外災難時卻用浮動加成費用（surge pricing）趁火打劫客戶、司機攻擊客戶，以及公司執行長在提到女性乘客時明目張膽用「奶子車」（Boober）來稱呼自家公司。誰知道優步這種傲慢的態度讓公司損失多少價值。在一個準備好投資大錢挹注年輕創業家的世界，人格說到底是一項重點。這個人會負責管理資本嗎？還是說，把這麼多錢給了企業家，讓他們覺得自己有權利把手伸進公司，為了一己之私拿走這些錢？對很多投資人來說，這是一個持續已久且糾結不休的問題。

這也是一個社會問題。畢竟，員工人數低於五十人的小企業創造出最多淨新職缺。美國小企業管理局（Small Business Administration）二〇一九年時指出，美國三千零七十萬家小企業雇用了四十七・三%的民間勞動人力。[13]美國的總存款（包括個人存款或是退休金形式的存款）通常都不會投資新創事業，說起來也真是很讓人驚訝的事。我們把這些資金交託給專業投資機構，但他們並沒有把資金投資到新創事業，因為這些是風險很高的投資，因為這些企業創造出來的報酬對於專業投資人來說不夠高，因為要從這麼多會賺錢但賺不多的公司裡做篩選是很費工夫的事。規模很重要，愈大愈好，投資人想要的是規模的可擴大性。這裡也出現了一個很有意思的社會問題。

有多少小企業有潛力擴大規模、但因為經營的領導者並未具備核心技能或沒有專業人脈網來幫助他們，所以做不大？有多少公司本來可以像帷幄這樣做大，但因為他們的領導者沒有像亞當・諾伊曼這樣的領導特質，辨識度不高，因此無法吸引到資本？有多少企業家本來可以幫助經濟成長並帶動創新，卻被市場忽略了？可能不少。在這個就連中國都採行了積極資本主義的世界裡，幾乎每個經濟體的資本主義程度都比過去更高，怎麼會有這種事？是因為投資人迷戀某種熟悉類型的領導者，使得市場無能找到獲利機會嗎？是不是因為我們對於外表或行事作風不符合我們認知中領導者該有模樣的人沒有信心？

我們要尋找什麼

我們應該要思考我們要在領導者身上尋找什麼，這有助於解釋為何我們一直選到糟糕的企業領導者。舉例來說，我們很愛高：高的人、高的建築、高來高去的無稽之談和很高的地位。之前我們講過，身高高讓一個人享有領導特質，也讓人享有業務。在這方面，規模和高度有異曲同工之處。想一想，蓋的愈來愈高的企業總部已經成為趨勢。高度和願景互有關連，企業飛的愈高，看起來就愈有吸引力。雖然最高的大樓被視為代表經濟走緩或衰退的先導，但高聳的建築仍是成功的象徵。現代的我們，也看重伸手摘星的新創事業，比方說馬斯克的SpaceX以及理查・布蘭森（Richard Branson）的維珍銀河（Virgin Galactic）。我們會想在太空買個地方，因為神就住在奧林帕斯山（Mount Olympus）上方的天際。我們很難忽視一個簡單的事實：擁有資本的人想要在天際線上創造出宛如陽具勃起的高聳象徵。

最知名的獨角獸企業之一就是蘋果電腦。有趣的是，賈伯斯也曾籌不到資金。他在一部影片提到，一位創投的投資人說他「已經退化，不能算是人類這個物種」，理由是「那時我留長髮」。[14] 有件事很有趣值得一提：蘋果的企業總部選用環形、圓形，成一個零，到頭來，這家公司獲得大眾的信任程度超過任何競爭對手。倫敦藝術大學（University of the Arts London）消費者心理學家保羅・馬斯登博士（Dr Paul Marsden）說的好：「不管是對人、對品牌還是對應用程式，信任的心理立基於兩個面向：能力和意圖。他們能不能幫上忙？他們是不是在乎、是不是願意幫忙？」[15]蘋果的環形是明顯可見的符號，代表了有機成長與自給自足。這是一個進入無限可能的入口。這和我們看到 SpaceX 總部那種高高聳立的象徵完全不同。

失衡促使我們反向而行

恐懼促使我們去尋找看起來像救世主的領導者。如果我們認為世界的經濟就像是遭到魚雷砲轟的船隻，一定會傾覆發生災難，那我們就需要救世主。如果我們無法體認或無法知道經濟何時算是成功，那麼，我們就無法覺得夠好了、可以承擔風險了。新類型的企業要能創造出新的成長，一定要承擔風險。我們需要重新平衡對經濟體的想法，我們需要思考人因工程學：這是一套在考量到強化普及性與降低稀少性之下平衡經濟機會與財務風險的過程。怎麼樣做才有可能？我們能不能憑空創造出什麼？在一個由稀少性主導的世界裡，我們要如何學著來想像普遍性？

首先，這艘我們稱之為世界經濟的大船不一定會被魚雷轟炸，也不一定會傾斜。事實上，很多作者都講得很清楚，全世界的經濟締造出愈來愈美好的成果。我們來想想史蒂芬・平克（Steven Pinker），他讓我們看到，貧窮與疾病的問題自十八世紀以來已經有大幅的改善。[16]彼得・迪亞曼迪斯（Peter Diamandis）和史蒂芬・科特勒（Steven Kotler）在《富足》（*Abundance*）[17]裡勾畫出讓人信服的世界樣貌，在這裡，科技不斷讓我們用愈來愈少的資源做愈來愈多的事。漢斯・羅斯林（Hans Rosling）和他的兒子奧拉・羅斯林（Ola Rosling）與媳婦安娜・羅朗德（Anna Rosling Rönnlund）合寫了《真確》（*Factfulness*）[18]，讓我們知道用預期壽命和所得等指標來看，多數人可能從絕對面上和相對面上來說都比以前更好。

真正的麻煩始於支撐現代經濟學的第一個重要假設：稀少性。資源總是不夠，永遠都不會夠，什麼東西都一樣。也因此，經濟學這門科學大致上就是在搶奪不斷減少且稀有的資源。隨著價格上漲與人口增加，我們也掠奪了地球各種最寶貴的資源，包括食物、水、能源，還有，顯然善意也包含在內。每個人都知道，價格由供需之間的取捨決定。回到一七九八年，湯瑪斯・馬爾薩斯（Thomas Malthus）主張食物的成長是線性且有限的，但人口卻成指數成長，當時他就把這種心態牢牢烙進我們心理了。有更多食物，就會有更多人，到頭來，人口會太多，超過食物的供給量。馬爾薩斯論者自此之後就開始控制人口成長。對於這種稀有性的心態，蘇格蘭作家湯瑪斯・卡萊爾（Thomas Carlyle）給經濟學專業貼上了一張標籤，他說這是一門「憂鬱的科學」（dismal science）。[19]卡萊爾也是一位承襲文藝復興時代的人：他是史學家、諷刺作家、哲學家、翻譯家、數學家與老師。

這門憂鬱的科學挑動恐懼，部分原因是經濟要求我們必須趕上不斷的變動。經濟學挑起恐懼，是因為這是我們不理解的新發明與流程源頭。有多少人是因為擔心自己跟不上還對科技心懷恐懼？這並不是新現象。

要重新平衡領導，我們需要的是一套幾乎可算是存在主義的方法來處理一切，「如果這樣會怎樣」的思維就在這裡發揮作用。如果我們從一張白紙開始，那會怎樣？如果我們就開始做，那會怎樣？我們要怎麼做？假如我們的預算不夠，那我們需要多少預算（零點導向預算法）？

「零狀態」思維不需要資本，可以靠「召喚」力量匯聚資源。這種思維會找到協調與互惠，以益處為核心營造敘事。且讓我們來看互相交錯的各種趨勢對經濟思維有何影響。

去資本化

五十年來，科技成本與科技力量之間都呈反向關係。根據摩爾定律（Moore's Law），[20] 科技的力量每兩年就倍增；至於科技的成本，處理資訊所需要的強大能力，事實上已經跌至幾乎免費的程度。

幾乎每一個屬於第三級產業的服務業，對資本的需求都降到了消失點。當私募股權投資新創事業時，多數情況下都只提供營運資本。在第三產業環境下，從開辦到支付請款單的時間是多長？且讓我們假設最長是六個月。如果新創公司無法降低開支、沒辦法存夠錢供六個月花用或者財務透支，那他們能夠嚴守紀律，成為注重長期的企業嗎？大多數新創事業都失敗了。[21] 一項研究調查超過兩千家獲得創投資本挹注、拿到百萬美元或更多資金的新創事業，結果發現降近一半的投資人都虧掉了。

如果考慮到很多提供資本的放款人本身就是經驗豐富的創業家，這件事又更奇怪了。為什麼身邊就有這麼多經驗豐富的人，失敗的領導者還是到處可見？失敗絕對不是異常。另一項調查說，失敗率達八十％。[22]

就這麼被浪費掉的資金規模龐大，但這種模式仍持續下去，這是為什麼？部分原因是沒有動力求好，另一個因素是一邊的虧損稅務抵減可以用來強化另一邊的績效。舉例來說，假設投資 A 公司最後血本無歸，共同投資人或許都虧了錢，但是對於享有「跟隨權與拖賣權」（tag and drag）的股東來說，就可以善用虧損在稅務上的抵減。這會提高可以再投資於成功企業的資本，但其他人要付出代價。

這某種程度上造成某種向心力效應（centripetal effect），圍著投資組合中最成功的公司打轉；當然，這些非常、非常成功的企業，基本上是因為其他公司的失敗而獲得力量。

私募股權對於無法締造驚人成長的公司不感興趣，他們要的是獨角獸，而不是苦力馬。這就有問題了。資本投資的目的是什麼？是要獎勵審慎、一貫、充滿關愛的領導，還是為了在短期間內賺進滿滿的荷包？你不用回答，因為答案昭然若揭。這和經濟理性主義無關。

有個人曾經在一群私募股權投資人面前直說了：「他們想要聽的話很瘋狂。他們想要的是沒有目的地的領導。」這個觀點很有意思，因為這指向這場沒有目的地的旅程正是投資人想要的。那麼，從很多方面來說，資本訊息和政治訊息很相似：我們永遠都在追求更美好未來的路上。

領導之所以這麼糟糕，是因為這就是我們要的。失敗率之所以這麼高，必定有另一個標準在作祟。

失衡導致企業倒閉

有太多理由可以解釋為何企業會倒閉，但核心就是領導失敗。當中有些道理非常基本。如果一家公司要打敗七十五％失敗率，只需要把費用降到低於營收就好了，這是領導面臨的第一項測試。這聽起來很笨也很基本，但如果一家公司做到了，那就可以活下來。但為什麼有些企業做不到？

傲慢

很多人創業時憑的是一股雄心或是一個構想，創業的人年紀稍大時特別會這樣。這沒有什麼不對，但是，人們的道賀聲永遠都是在創業家宣布創業之時響起，不會有人等他們撐過前三年才跑來恭喜。

創業者通常預期，當他們蓄勢待發、宣告創業提案之後，獎賞就跟著來了。「系列創業家」（serial entrepreneur）一詞通常就包含了這層意義。就算創業，但創辦了一家失敗或表現不彰的企業，也不足以成為證明創業者具備領導能力的指標。創業可能代表具備推銷能力，但這不是領導能力。

很多可能成為企業領導者的人都是專才，他們利用集體企業（collective enterprise）培養能力。這些人通常都有大學文憑，有些人甚至是研究所畢業。他們知道自己的工作是什麼，也知道哪些不是他們該做的事。但坦白說，如果廁所壞了、請款單沒有送出去或是重要系統離線了，他們也必須要能夠（而且願意）在一天內身兼水電工、簿記人員或資訊經理。如果領導者實際、務實且有靈活度，會很有幫助。或者，身邊有這樣的人相伴也行。

無知

不管你相不相信，但真的有某些領導者並不知道自己有沒有賺錢。這話要小聲說，因為太可怕了。有些領導者並不知道自己戶頭裡還有多少錢，也不知道每個月付不付得出員工薪資。他們不預測現金流，沒有先談好透支貸款以備不時之需，也不和銀行對帳。沒有人負責任。這些都不是領導者該做的事，但領導者必須監督有人好好把事情做完。領導者要負責。

訂單滿手的企業還是倒閉，這種情況很常見。如果企業找不到現金付帳單或薪資，公司就完蛋了。這看起來不太公平，但是讓企業活下去只是一個基本要求而已，「現金為王」這句話就說明了一切。

不奮戰

創業並不等於完成目標，這只是開始而已。誰都可以創業，時機好時誰都可以經營一家公司，但是能不能維持三年則是另一個問題。很多受到高等教育的人很容易就覺得無聊，他們沒有膽量捍衛自己、去對抗要傷害他們的人。

創業與帶領企業發展壯大都要積極行事，沒什麼好說的。必備條件是你要有能力捍衛自己和同事不受下流手段所害。比方說，當服務未達標準服務時你不買單，會有人威脅要對你採取法律行動，告你不付錢；有些人會在工作面談時欺騙你，謊稱自己的能力與成就；有些人明知道自己即將倒閉、會害你蒙受損失，還是接下你委託的工作。競爭對手會設法用謊言來抹黑你的聲譽；有人想要用隱藏或隱含的契約條款來耍你；有人想要假冒成你或你的重要夥伴，從外面侵占盜用你的錢。有些人會對你的系統發動病毒攻擊，原因無他，單純就是為了要傷害你。

這些事情都一定會選時機出現，屋漏偏逢連夜雨時，領導者會喪氣、疲憊、生病、工作過頭與覺得承受不住，但他們還是得要控制局面。他們所做的事很神奇，沒有做過的人很少能理解。就因為這樣，創業型的領導者彼此都很緊密，由於大家都有相同的受苦經驗，因此都會互相尊重。這培養出一種強健性格，但很容易踩過界變成了粗魯。他們並不是故意要粗魯，但聽在別人耳裡常常變成這樣，因此會挑動受過自由派教育知識分子的敏感神經。

這些受苦受難的經驗定義了領導者。而，由於「別人也只會用最小的小提琴替你拉兩下最悲傷的調子」，使得他們的處境更艱難。根本沒人關心他們。那他們為什麼還要創業、要領導？嗯，去問他們。對有些人來說，金錢上的獎勵是很好的補償，有些人想得到地位和關注，有些人則比較淡定，被問到這個問題時，他們會擺出登山者的樣子。他們會這麼做，是因為他們天生就想這麼做，因為挑戰就在那裡。

受苦定義了他們的成功，他們從受苦當中學到的比從成功當中學到的更多。也正因此，長期的創業成就才會深深改變人生，這改變了領導者的人生取向，從而也改變了他們的領導取向。因此，他們不認為有什麼是不能改變或不能改進的。他們綜合了自己習得的技能，把自己養成一類非常罕見的人：可以改變局面的人。

當然，在公司成立那天，不會有人看到這些挑戰。沒有人想要討論受苦、蔑視、自信、犧牲、不理解、觀點差異等等，這些都是創業的醜陋面事實。領導完全是非中產階級的事，但如果你做起事來謙恭有禮會有幫助；領導當然也不是學術性的，但如果你可以消化種種技巧，會很有用；領導不管從哪一個面向來看都不理性，但如果你能善用理性，會有好處。你無法完全以任何專才專家的姿態來領導，因為你必須帶有商業成分；這兩者是不同的山頂、不同的目標。

如果你很務實，那會很有幫助。如果你會裝設插頭、換保險絲、熨燙裙子、烤蛋糕、通堵塞、帶小孩、發動吞吞吐吐的老爺車、油漆牆面、修理鎖頭、製作家具、張貼告示、使用拖把、清理廁所和清空垃圾桶，會有幫助。這些任務都需要設定先後順序、精力和行動。

如果你可以從他人身上學習如何面談、如何重新打造一台伺服器、閱讀資產負債表、和銀行對帳、洽談契約與了解契約法與勞動法、撰寫行銷素材與剪報，會有幫助。而且，你必須要在跨入自己的專才專業之前就先做到。

沒有人想要討論受苦、蔑視、自信、犧牲、不理解、觀點差異等等，這些都是創業的醜陋面事實。

明瞭何時要聽從更出色的專業領域意見，事關有沒有養成判斷力。好的領導者知道，「養了狗還要自己吠」這種必要親力親為的堅持沒有太大意義。聽從別人的判斷和認命接受結果不一樣。就算是別人提出的專業領域意見，好的領導者也可以堅持做下去。都說有志者事竟成，領導這件事總而言之就是看能不能培養出共同的意志。

很多名嘴喜歡在條件受到控制、身邊都是協調者和仲裁者的學術實驗性環境下來分析創業精神。現實中，創業是一團亂，會被媒體報導美化，回顧性的財務分析會被人當成預測，會遭到無知以及貪婪、自利與自我導向的人嚴詞批評。

自大

且讓我們面對事實：人想要成為領導者的原因之一，是想要感受到自己很重要。很多人認為領導就是要指使別人去做事，他們很享受出入有大禮車或能搭商務艙的地位。我們之前還看到，因為過度自信的關係，這個問題在男人之間尤其嚴重。但自大是另一種人格缺陷。自大，讓領導者把自己的需求放在團隊其他人的需求之上，訂出不同的優先順序，把領導者的需求拉到顧客或其他同事之前。這在情緒上和經濟上都很沒有效率。

以後工業時代的第三級產業服務業領導者來說，自大的影響很深遠。這個時代，企業創業的資本需求很低，企業從事變革所需的資本也很低。以領導來說，推動變革的阻礙也變得極低，那麼，是什麼理由阻礙領導者推動變革？

管理上的老調是，權威從來不能靠別人給，只能靠自己去掙。多數領導者要處理的變革範疇，都比他們所想的要大。正面的領導態度可以幫助其他人展現潛能，從這一點來說，極具促成轉型的力量。但要做到這一點，領導者必須要有動機、也要有意願推動變革。

領導界有愈來愈多商學院的畢業生以及商學院思維，構成了一種認知，認為技能、訓練與知識遠比態度重要。並不會。很多人預期，實際上，追求與取得文憑就夠了。並不是。態度與意志力很重要，因為文憑和知識不必然能導向理解。請記住，我們尋求的是更加平衡，而不是在這個或那個方面更有效率。

態度與意志力很重要，因為文憑和知識不必然能導向理解。

缺乏同理

且讓我們把話說明白。領導者可以研究某個主題，他們可以靠著研究拿學位、他們可以教書、他們可以讀完每一本寫這個主題的書、他們可以去拿個博士學位，但如果這個主題和人類的感受有關，他們可能還是弄不明白。你無法靠學習卻不去體驗就知道什麼是痛苦，或者什麼是飢餓、寂寞、野心、歡愉、失望、悲慘、絕望、希望、憎恨、羨慕或者慾念。

而這也是領導教育的核心問題。如果只有學術心態，你要如何做好領導的準備？你做不到。更麻煩的是，你要如何訓練一個從沒感受過何謂領導的人去領導？

真正的領導，尤其是創業領導，是很讓人迷惑的。這看起來是領導角色，要運用很多技巧，但是感受起來可天差地遠。創業領導的體驗生氣勃勃，在極端的情況下甚至還可以觸碰的到。贏了很能激勵人心，輸了則是大災難。每一方面的關係都更強烈。對手很邪惡，朋友是英雄。極端相反的情緒很多，而且彼此很接近，讓人看得膽戰心驚，要因應這些情緒可不只是學術問題而已。也因此，這顯然和通才教育（liberal education）文化互有衝突。通才教育的觀點或許比較「包羅萬象」，要去看論點的兩方，雖然這在談判時很有用，但這種含糊其辭對創業領導來說很致命。

創業的心態是，創業這種事攸關生死，這是一場為了願景被別人看到、能夠傳遞下去的奮戰。這無關獲利，而是為了證明、驗證個人並帶來生命力。也因此，創業領導常被人誤解。

不可把企業失敗歸咎於哪些因素？

有很多人靠著憑空想像為企業的失敗做診斷，以下是一些常有人提到的原因，但實際上遮掩的是領導上的失敗。

◆時機

我們大可說某個人太早或太晚推出某個產品才導致企業失敗，但是這麼說就忽略了領導應有能力識別狀態並改變狀態。好的領導者應能提出一套能長久的模型。沒有太早布局以致於無法掌握契機這種事，比方說，就算在經濟衰退期間推出產品，也可以是有道理的事。這個世界要不然就此毀滅，如果是這樣，何時做什麼事都不重要了；要不然，事情總會好轉的。

◆缺乏資源

「要是我們有更多錢就好了」，這句話可能是企業失敗最常見的理由之一。但事實是，投資人的資金已經是我們已知最常見會讓人上癮的事物之一了。一旦新創事業要仰賴資金挹注，就很難擺脫了。創業型領導者的第一項任務，是要盡量降低成本以求賺到錢，而不是把重點放在追求最大利潤這件事本身。

◆「壞」的人

有些最出色的團隊組成份子卻是第二流的人，為什麼會這樣？這是因為沒有第二流的人這種事。每個人都有潛能，尤其是還有很多要學而且欣然接受指引的年輕人。偉大的領導者具備帶動轉型的特質，這也是他們偉大的理由。他們會找來可以幫忙的人，並建立起連結，不去管對方的出身。很多人出自於「惡劣」背景的人，都在等待認可其潛能的領導者。就因為這樣，領導者要去外面找人。

◆競爭對手

以新創事業的本質來說，他們本來就要面對既存企業的挑戰。領導者知道既存者站上的是一個戰戰兢兢的位置，顧客喜歡嘗鮮，員工也一樣。因此，新進的挑戰者必須把賣點放在競爭對手不能或不願意做的事情上面。我們永遠都能從既存者身上看到機會。

◆運氣不好

新創事業與他們的領導者總是要面對運氣不好這種事，愈早碰上愈好。領導需要想像力才能看到可能出現哪些問題，然後擬定應變計畫。好的領導者需要培養出韌性，為意外預做準備。這也是一種態度問題。某些因為運氣不好所造成的嚴重困境，可以轉化成絕佳優勢，這是所有領導者都必須認知到的思維。挫折愈大，日後的成就也就愈高。

◆拿不到大訂單

這種事有時候會觸發企業倒閉，但實際上，企業的失敗早就有端倪了，只是想辦法找到便宜行事且看來可信的說法來解釋失敗。

這些都是失敗的藉口，而不是失敗的原因。要找到原因，我們要檢視領導本身，看看領導所在的位置與零模型之間的距離有多遠。一旦我們找到失衡（或者是多方面的失衡），那就離原因更近了。

為何創業？

創業法則、或者說一般性的商業法則是，上方永遠有空間。一種產品要有市場不用打敗天下無敵手，只要某些方面比較好就可以了，有可能是價格比較好、服務比較好、地點比較好、未來比較好、對環境比較好。決定這些「比較好」會不會出現、會的話又是哪一個的，就是領導。

如果我們想要試著分析各種領導風格的平衡，或許可以把思考與實作這個面向，拿來和個人與團隊這個面向相交（參見圖6.2）。

這表現出做計畫的人與實際動手做的人之間的關係。當然，能落實計畫的人很多，但他們想不出一個需要落實的新計畫。也因此，這個模型可以用本能反應性來代表

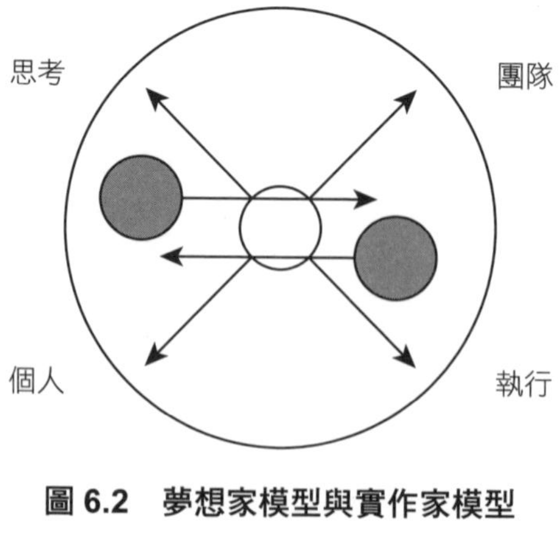

圖 6.2　夢想家模型與實作家模型

我們可以用類似的方法來檢視創業家，並看看他們會受制於哪些因素。他們在工作上通常會遭遇兩個相交的面向，一邊是自主行動與做好規劃，一邊是領導風格架構分明與充滿彈性（參見圖 6.3）。對很多創業家來說，自主行動會和任何想要規劃或設定領導取向的架構互相衝突。也就因為這樣，很多人都寧願維持單人作業模式。有些創業家認為架構會導致退步。一旦寫出工作職務說明，就會把人的潛力限縮在此人所屬的範疇之內。匯報關係與組織架構一定會造成限制。組織愈大，官僚體系與專家取向的成分就會愈高，變得沒有那麼敏捷，向心力也沒這麼高了。

架構可能會損害靈活度與適應力，但也是成長的必要條件。也因此，很多創業型的企業擺盪在上圖的兩個現象當中，尋找一個不會和「行動偏向」難以相容的架構。

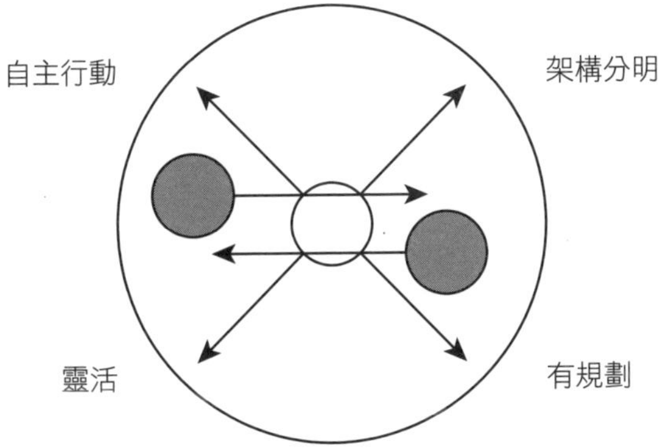

圖 6.3　行動偏向的模型

成功模型

我們可以透過類似的手法，用不同的技能當作相交的坐標軸來評估創業（參見圖6.4）。

在這裡，我們要看的是關鍵層級的創業行為：他們基本上是否務實，以及他們的專才成分有多高。具備務實全能技能的人比較可能成長，因為創業家需要在草創初期除了核心業務技能之外，還要展現出各種不同技能，例如人力資源管理、資訊科技、法律、財務和後勤。這也解釋了為何這麼多做著創業夢的中產階級專業人士到頭來一無所獲。創業不僅關乎有沒有專業，你還要具備商業專業。遺憾的是，學術教育在很早期階段就把這兩者分開，商業課程會放在很後期，作為補充古老傳承下來的教學、法律或醫學操作。

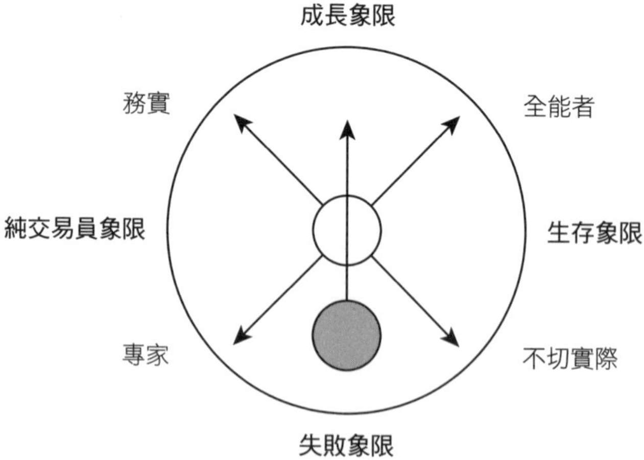

圖 6.4　創業模型

蜉蝣化

回顧一九二〇年代，聰明博學、人稱「巴基」（Bucky）的巴克敏斯特・富勒開始談我們可以無中生有。他體會到科技會不斷讓我們有能力「用愈來愈少的資源做出愈來愈多東西，到最後，什麼都可以無中生有」。[23]這個概念成為零經濟學的基礎：零經濟學說，我們會愈來愈容易取得經濟體中重要的生產要素，而且價格會愈來愈便宜。富勒說這叫經濟「蜉蝣化」（ephemeralization），原物料與資本投入基本上就在我們眼前消失了。

比爾・蓋茲（Bill Gates）也認同。在這方面，他推薦喬納森・哈斯克爾（Jonathan Haskel）和史蒂安・韋斯萊克（Stian Westlake）合寫的書《沒有資本的資本主義》（*Capitalism Without Capital*）。[24]蓋茲解釋說，軟體不像硬體：「開發軟體不需要太多資本或行政管理人員，」他寫道：「在一個沒有資本卻出現資本主義的世界裡，刺激經濟最好的辦法是什麼？我們需要非常聰明的思想家和非常出色的經濟學家去深入鑽研這些問題。《沒有資本的資本主義》是我讀過第一本深入處理這些問題的書，我認為決策人士都應該一讀。」[25]麻省理工學院的安德魯・麥克費（Andrew McAfee）在他自己的書《以少創多》（*More from Less*）裡也呼應這個想法，[26]他在書中談到「樂觀四騎士」（four horsemen of the optimist）：技術進步、資本主義、公眾意識和回應民意的政府。

這種零經濟學的概念，不可和循環經濟（circular economy）這些循環再生的概念相混淆。瑞士建築師瓦爾特・史泰爾（Walter Stahel）一九七六年時和吉娜薇耶芙・雷代－繆薇（Geneviève Reday-Mulvey）共同撰寫一篇提交給歐盟執委會（European Union Commission）的報告「以人力替代能源的潛力」（The Potential for Substituting Manpower for Energy），首次引進了循環經濟概念。[27]概念很簡單：我們應該停止製造與使用單一目的、而且還必須為此處置有限原物料的產品，因為這很浪費。在思維當中應該要有循環再生的想法，也應該要延長產品的使用年限，同時確保一物有多重用途。一九八二年時，史泰爾的論文「產品使用年限因素」（Product-life factor）贏得獎項。[28]他主張，壽命更長且用途更多樣的產品，可以降低資源消耗量並減少浪費。過去一百年來，有很多人提出很多想法講到要如何減少浪費與強化永續，另一個概念叫「從搖籃到墳墓」（cradle-to-grave, C2G），[29]這個概念的重點是要保護整個生態體系，不要浪費資源造成傷害。卡緹雅・韓森（Katja Hansen）進一步琢磨強化這個概念，主張我們不只要消除浪費，還要消除廢棄物的概念。[30]她把廢棄物定義成可以供應未來發展的東西。這種收取與再利用廢棄物的辦法，是另一種無中生有與以少創多的辦法。

更近期，洛克斐勒基金會（Rockerfeller Foundation）的傑希．奧蘇貝爾（Jesse Ausbel）說，我們正在經歷經濟「去物質化」（dematerialization），從矽晶片、輪胎到住所，什麼東西都愈來愈小、愈來愈輕，[31]需要的原物料愈來愈少。製程所需的時間大幅減少，就連製造業也一樣，利用雷射燒結（laser sintering）和 3D 列印，企業可以用更少的資源做出更多東西，實體去物質化是現在進行式。在此趨勢下，新的企業領導者會比過去更容易無中生有，這表示我們應該更審慎思考如重新平衡節省下來的資源流，為更多罕見的溫室花朵提供養分。

資本主義去資本化

我們都看到，隨著紙鈔硬幣逐步轉向電子支付與數位化，貨幣本身也在去物質化。當資本不再是必要的生產要素，資本主義會有何變化？沒有資本的資本主義行得通嗎？

如今，網路與行動裝置上的應用程式讓人有辦法可以在沒有資本需求之下就創業。免費的網路與智慧型裝置應用程式，都是讓企業可以擴張規模的平台。應用程式創造出管道，小企業可藉此讓自家產品每天出現在更多人眼前。此外，現在的人可以付錢找人諮商與獲得建議。這種「有力影響人士」社群的組成份子，基本上是一些拿建議換現金的人，他們自己不投入資金打造任何應用程式，換言之，現在只靠智慧型手機很容易就能建立可以創造現金的企業，其他什麼別的都不需要。資本已經不再是創辦這類企業的必要元素，資本的重要性已經不如人脈連結。在一個資本價值正在滑落的世界裡，知識、人脈網絡、人際互動和號召能力比以往更加寶貴。

資本數位化

我們之前談過巴克敏斯特·富勒的觀點，他認為經濟體中幾種最重要的資源會隨著時間變得愈來愈普遍，而且愈來愈便宜，比方說資訊和人類的知識，現在則要加上資金。如今很明顯的是，資金不但不稀少，而且還來到前所未見的普遍可見地步。當我們從紙鈔轉向電子貨幣，很可能忽略更加激進的轉型：轉變成數位貨幣。在數位貨幣的世界裡，決策者只要按一個鍵，就可以讓貨幣供給量倍增或減半。這說明了為何從中國、歐盟到澳洲，很多政府都表達了有意開發主權加密貨幣。

很多人假設加密貨幣是私有的貨幣型態，如比特幣（Bitcoin），認為加密貨幣代表了要逃脫或離開主權法定貨幣的制度。但不必然如此。現在，由於物聯網裝置的普及，加上可以透過智慧型手機與嵌入物品、衣服、鞋子、建築和穿戴裝置運作的追蹤系統，基本上可以追蹤經濟體中的每一樁交易。理論上，區塊鏈（blockchain）可以成為獨立驗證所有交易的方法，但在現在，區塊鏈的速度還太慢，沒辦法做到即時驗證。但，決策者很喜歡這個概念。中國國家總書記習近平二〇一九年在中央政治局會議上發表演說，講到中國要「抓緊機會」部署區塊鏈。[32]

很多人把這番言論視為中國未來會更開放、更民主的徵兆，但情勢很快明朗，中國有興趣的是把區塊鏈當成追蹤裝置，而不是建立更開放經濟體的方法。中國政府在二〇一九年十月通過新的《密碼法》（Cryptography Law），規範如何使用密碼，為的是替二〇二〇年時將推出的主權加密貨幣中央銀行數位貨幣（Central Bank Digital Currency, CBDC）預作準備。如果知道密碼，就可以得知交易和動向。政府相信，地下經濟無法在數位貨幣世界裡持續活下去，這會是好事。

當然，如何在個人與國家之間找到平衡，是地緣政治要解決的問題。我們有興趣的，在於這是不是一種可以達成平衡的方法。

砍掉資本的頭

如果資本主義在設計上就是要找出所有獲利機會，那麼，這套系統為何無法自然而然朝向效率最高、最能創造報酬的企業？很可能是因為我們認為資本就等於資本主義的這個假設有誤。

在路易斯．卡洛爾（Lewis Carroll）的《愛麗絲夢遊仙境》（*Alice's Adventures in Wonderland*）裡，紅心皇后講過的幾句話讓人難忘，她說，「砍下他們的頭」，以及「先行刑，後判罪」。這幾句話說透了金融危機之後主導公眾對於商業領導者想法的時代思潮。但，砍掉資本的頭既不明智也不可取。但，現在還有另一種正在進行中的砍頭行刑。我們在第一章中提過，商業領導者在很多面向上都掉了頭，他們詐騙、說謊，掩蓋不法，這使得大眾徹底質疑資本主義。但，沒有領導者站在前面向前衝的資本主義，會是什麼模樣？

答案和零主題息息相關，最好的領導者愈來愈少見。過去，能見度與成功是相輔相成，但如今，好的領導者發現，在這個審查愈來愈深入且透明度愈來愈高的時代，他們少現身可以多完成很多事。與領導人頻頻出現相比之下，看不到領導人是更好的領導評價指標。

好的領導者必須走在更前面，他們才可以看到未來有什麼。這表示，他們要往消失點走去。領導者在不覺得需要被看見之下領導，這使得他們把更多權力移轉給團隊。當團隊得到力量，他們就可以借力使力擴大自己的作為。我們講過，在如今這個時代，領導比較無關乎領導者個人，比較多的焦點是在團隊上面。領導者的工作是要往前看、跨越地平線，消失點變成很重要的終點，那是領導者的目光所在。

這不是說領導者應該隱身不見，而是說他們應該體認到自己需要身在更多的現實當中，而不只是顧到單一場合。

這裡要講清楚的是，零經濟學要求商業領導者必須揚棄自大。沒入消失點，代表領導者會沒入愈來愈沒有人看見的位置。他們就在這裡點亮光明，就在這裡變成光。就在這裡，如同耶穌被釘上十字架的受苦經驗取代了資本；就在這裡，領導者成為一種姿態以及過程的守護者，而不只是一個人。

但，如果要經營一個交響樂團，總不能少了指揮吧！其實可以。紐約市得過葛萊美獎（Grammy Award）的奧菲斯室內樂團（Orpheus Orchestra）[33]，自一九七二年之後就沒有指揮。紐約愛樂（New York Philharmonic）每年都在沒有指揮之下演出《憨第德》

（*Candide*），向前指揮李奧納德・伯恩斯坦（Leonard Bernstein）致敬。你也可以讓火車在沒有列車長之下恣意奔馳。

事實上，幾乎你想到的每一件事都愈來愈自主，或者能找到方法在沒有領導者的情況下動起來。這就是人工智慧與機器學習的目的，這些技術擴充了我們解決問題的能力，讓我們超越自己的大腦限制。新世界裡的領導者是誰？程式？電腦？演算法？這些都不需要領導者，但人需要。

矽谷的大老爺們已經預測，未來可能會需要一位數學神來當新的領導人。《連線》（*Wired*）雜誌說，這種新宗教的先知，是一位名為安東尼・勒萬多斯基（Anthony Levandowski）的數據工程師，這門人工智慧新宗教就叫做未來之道（Way of the Future, WOTF）。[34]文章說，未來之道的活動重點在於「實現、接受與崇拜透過電腦軟硬體以人工智慧為基礎發展出來的神」。

這包括資助研究以利創造出神聖的人工智慧本身。這門宗教想要召集人工智慧產業的領導者以培養出合作關係，並透過向外拓展社群發展會員，一開始先瞄準人工智慧界的專業人士和其他外行人。

檔案中也提到，他們的教會「計畫在今年初於舊金山灣區各地開始推動敬拜與教育方案」。[35]人工智慧與機器學習將會領導他們，看來真是諷刺。提議創辦一個人工智慧宗教派別並非意外，幾乎沒有人理解人工智慧、電腦與演算法實際上如何運作，真的懂的人可以賺大錢。

至於我們一般人，都進入了網路教派（這是一種把電腦當成神諭的簡單信仰）這種新興信仰。這門宗教縱橫天下，不管你屬不屬於未來之道教派，都是網路教徒。

很多成效很好的組織事實上並無領導者。反抗滅絕運動匯聚了千百萬的人抗議氣候變遷議題不受重視，卻沒有哪一個特定的負責人。伊斯蘭國（ISIS）沒有特定或任何已知的領導人，但他們的行動很有實效。匿名者（Anonymous）沒有可辨識的領導者，是一場全球性的運動。近年來，政黨透過提高公眾參與度以及減少可以輕易識別的領導者來積蓄更多能量。美國民主黨的領導人是誰？很難說。寫作本書之時在任的美國總統川普，算是共和黨的領導者嗎？不太算。很多組織與機構領導者的角色愈來愈淡。比利時政府自二〇一一年以來就沒有設置領導者。[36]

如果領導者要走向消失點，那他們得知道什麼叫消失點。這是一個看不見的地方，在這裡，想像必須接手，取代事實，因為從消失點上看不到任何事實。

零經濟的目的

經濟體為了什麼原因而存在？經濟體是配置資源的方式，包括資本、想法、時間、貨物、服務、規則、能量和物質，這些東西要匯聚起來，通力合作以造福人民。資本主義國家定義的「人民幸福」，和獨裁國家大不相同，但，不管是哪一種，經濟體都是資源配置的機制，是一種由各種需要導引的分類機制，希望能創造出更高的效率。

感謝現代科技，讓我們能更輕鬆地用更少資源做出更多東西，但，人們的工作時間卻節節提高，這也是因為在恐懼帶動之下不得不然的結果嗎？比方說，人們是不是認為如果我沒有在工作，那自己就會落後了。還是說，人們渴望創造出自己的認同感，而在職場環境下會比居家生活更能完整塑造出認同感，所以導致了我們看到的局面？是不是因為我們想要的東西從來沒有得到滿足？我們無窮無盡追尋更多、更大、更好，讓我們和經濟體之間變成一種卑躬屈膝的關係？還是說，這只是我們忘記了或是從未體會到經濟體本來就不應該占據我們所有時間？如果說這是一套用來配置時間、資本、貨物、服務、人力資源、智慧資本等等資源的系統，也許我們實際上做的是把人力資本配給經濟體，而這也正是領導問題中的其中一環。

工作的重點，是要讓我們有時間、有空間去做拿不到錢但會為我們帶來歡愉、快樂、樂趣、笑容、娛樂的事，這些領不到錢的事甚至能讓我們養成紀律與技能。當我們的人生能享有樂趣和休息，而不光只有工作和效率，兩者間能達成更佳的平衡時，我們在工作上也確實能發揮到最好。與其把寶貴的空閒時間拿去打造個人品牌與營造曝光率，拿去玩耍說不定還更有效率。玩樂時我們可以培養出有創意的想像力，並以出乎意料的新方式和這個世界互動，這不是浪費時間，反而是以更強的力道刺激思考過程。溫斯頓．邱吉爾（Winston Churchill）寫過一本小書《用繪畫消磨時間》（*Painting as a Pastime*），他在書中就說到大腦需要休息也需要刺激。[37] 如果你在工作上就要閱讀，比方說內閣首相，那麼，休閒時閱讀不會帶來好處。以邱吉爾為例，他是把繪畫當成消遣，也養成了砌磚的嗜好，這讓他的心思在休息時強化了他的觀察技能。考量到他的時間很緊，這對他來說是很有效率的作法。這個例子應能讓我們去問一問和效率有關的問題。

我們可能把效率定義的太狹隘了。效率很有用，但高效率不一定比較好。我們可以創造出會泡茶的機器人，但日本的茶道是一種

我們可能把效率定義的太狹隘了。效率很有用，但高效率不一定比較好。

藝術，透過世代傳承下來，代表了儀式、純粹、和諧與對食材和時間的敬重。同樣的，烹飪本身自有樂趣。速食比較快也比較有效率，但烹飪給我們更多機會去收集與分享故事，以及一同回憶。就是在這樣刻意慢下來的時間裡，我們的腦袋騰出空間把事情想得更清楚，甩掉恐懼，好好思考我們在選擇要得到什麼樣的領導時扮演了什麼樣的角色。德裔美國詩人查理・布考斯基（Charles Bukowski）寫了一首詩叫「謝絕領導者」（No Leaders Please），便講到了為何領導者該停下來別做了。[38]

換言之，身為領導者要有彈性，還要有想像力，透過去做通常不會賺到金錢獎勵、但會在想像力上獲得獎勵的活動，例如運動、藝術、寫作、舞蹈、音樂、說故事甚至砌磚，最能學到這兩種技能。領導者透過這種方法，愈來愈善於站在消失點。他們開始畫畫，找出消失點到底是什麼。你可以從畫中看到消失點，但唯有當你自己開始拿起筆時，才能感受到這到底是什麼。

對未來更有信心、更不恐懼

經濟體不斷改變，但不會消失。人們會重新設想經濟，想出新東西。今天消失的職缺，明天永遠有新的工作取而代之。人們對於自動化和機器化害怕的不得了，這樣的恐懼心理基礎在於稀少性的概念。當我們提醒自己帶動經濟的因素其實是普遍性，或許就能看到明擺在眼前的事實。目前這個世界的自動化與機器化來到有史以來的最高水準，但就業率也創下新高。自一八〇四年首次引進機器人工具，推出雅卡爾織布機（Jacquard weaving loom）後被反對使用新機器工作的盧德份子（Luddite）砸毀，自此之後，這兩者向來便是攜手並進。

新冠肺炎疫情讓態勢加速，我們已經看到了效果：疫情讓本來已經就在那兒的趨勢發展速度更快。比方說，活動轉往線上以及善用視訊會議，降低了成本也減少了碳足跡。比方說，疫情帶動了靈活度與機動性。封城和之後的解封，說明了企業需要更靈活。長期方案在快速停擺之後，也以同樣速度加速，設定執行的優先順序。當然，這不只衝擊零工經濟（gig economy），對各行各業也影響深遠。疫情造成的長期效應需要很久才能消除，因為人們之前才享受著持續的經濟擴張，這場疫情對信心造成的衝擊來的這麼突然，而且時間又拖得很長。房地產業（包括商用與自用）、娛樂與運動、旅遊業（尤其是商務差旅和奢華旅遊）以及活動展覽業的體會最深。公家機關的工作穩定性高，變成更有吸引力的賣點。某些民間部門表現也不錯，特別是涉及食物配送、科技、醫療保健、生物科技與保全的產業。

想像力

零經濟需要想像力。想像不困難，但想像是讓領導者能從被看見轉型成看不見的根本神奇魔法。消失點不只是畫面上的一個點而已；也就是在這個點上，領導的動作會消失，等到某個時候真正需要領導之後又會再出現。

隱形領導者的概念，可能會讓某些人不安。有哪種架構可以在沒人負責的條件下運作？巴克敏斯特．富勒花了很多時間研究這個問題，得出的結論是，其中一種最強大的架構就是幾何圓頂型（geodesic dome）。這是一種圓形架構，是建築界的圓形，是一種零。

一九四八年時他和學生花了三個星期打造出的原始圓頂架構，至今仍穩穩矗立在佛蒙特的本寧頓學院（Bennington College）。為什麼這種架構如此堅固？考量到重量之後這更是明顯。是因為這種架構「全面三角化」（omnitriangulated），圓形頂可以支撐自己。對於正在用零經濟學打造未來的新一代創業領導者來說，這倒是個還不錯的比喻。

有些能見度很高、負責配置資本的人很可能並沒有做到最好，或者也沒有提出未來配置資本與資源的最好方法。零經濟學取向則是要我們去思考誰能用最高的效率運用資本，要我們評估除了資本之外的其他價值投入要素。自立自強的重點不在於誰有最多錢，而在於替知道如何召集與凝聚其他人的人提供力量。為創業領導者帶來信心的力量，如今比帶來資本的力量更有價值，而且對社會更有益處。人們或許很難相信，我們真的可以用新方法打造出可靠且耐久的經濟架構。

求平衡是關鍵。零經濟取向要求我們達成更平衡的狀態。沒有人會想要一個無法讓蘋果、優步、超越肉品甚至帷幄這些公司立足的世界，但我們也想要一個能讓更多企業有機會壯大的世界。

出色的企業總是會因為自我主義作祟的領導者而受傷。我們不需要減少成功的大企業，我們要的是減少會為了自吹自擂而損毀價值的領導者。故事好不好，通常要看我們願不願意暫時放下自己的不信任。這需要愛。好故事裡的愛，會開啟大門讓我們看到真實超級英雄的故事；這些人沒有優勢也得不到什麼好處，但他們還是能無中生有。這表示，我們需要更多能做到更平衡的領導者。

摘要

平衡代表不要只往其中一邊靠，我們需要更善於把自己放在情勢中的任何位置，並善用我們在那裡找到的資源。這需要想像力，因為虛構的事物會帶來勇氣。英國作家卻特斯頓（G. K. Chesterton）寫過一段話，講得淋漓盡致：「童話故事非常真實，這麼說倒不是因為故事告訴我們惡龍存在，而是告訴我們惡龍會被打敗。」[39]我們贏得的勝利具備哪些特質，要由我們對付的惡龍具備哪些特質來決定。我們得創造自己的惡龍。

現代的惡龍，是帷幄公司的諾伊曼。我們真的可以騰出空間，給那些能創造更美好空間而且更謹慎去執行的人嗎？你應該沒聽過阿雅夏·歐芙瑞（Ayesha Ofori）這個人，她之前是一位銀行家，後來在英國創辦黑人房地產網絡（Black Property Network）與推進網絡（PropElle Network），幫助黑人家庭與黑人婦女透過投資房地產達成經濟獨立。她說：

我設定我自己的路，我選擇如何在這個世界發揮影響力，還有，最重要的是，我必須做一個陪在小孩身邊的母親。我女兒兩歲，能陪伴她對我來說很重要。當我沉浸在房地產的世界裡，我是在做我最擅長的事，一點都不像在工作。我閱讀房地產新聞和文章是因為我很享受，每一次出門，我都會看著我路過的建築物，看看有沒有開發潛力。[40]

惡龍不是某個人，而是這個只看到諾伊曼身上的潛力、對歐芙瑞視而不見的系統。零經濟社會將會讓這兩個人都拿到資本而且充滿信心，但不會盲目地衝向某個釀成大災難的點。

企業無法長久持續經營下去，是有什麼原因嗎？無窮盡這套取向不會要求每一家企業慢慢來，以牛步成長，只會要求不同的商業模型之間、企業領導者之間，以及在經濟體中創造價值的各種不同取向之間要達成更平衡的狀態，也會探問以長期為動機的企業領導是否有助於抑制各種過度、失衡與自尊自大的行為。這是一個值得詳細檢視的領域，這也是我們下一章要探討的。

第7章

零自我，零性別

領導者以自我為中心的性格會在團隊裡造成哪些影響？地位如何改變領導者的理解與已經獲得的東西？這又會如何模糊了團隊的願景與表現？領導者為何一直都好高騖遠？這要如何克服？

要真正理解團隊，你必須檢視現實中運作的團隊。因此，無窮盡領導者可能會想要貼近他們領導的團隊，以看清楚當中的互動。了解團隊的特性是重中之重。團隊是否很放鬆？是否有效率？是否由一人主導？你可以在團隊使用的語言中聽到這些事。團隊的重點是放在「他們」、「我們」還是「我」？他們是不是看來很開心？如果是，那很可能團隊很擅長現在做的事。團隊的特質很重要，就跟領導者的特質很重要是一樣的。性格決定命運，如果你不理解團隊的性格，就不知道團隊要往哪裡前進、結果是好是壞。

領導者的工作，是要知道團隊的實質與精神面發展到哪個層級，並且看透團隊。要做到這種程度，必須很能同理團隊。這表示，領導者要知道在團隊裡擔任某個角色是怎麼一回事。他們覺得自己可以做出貢獻嗎？他們擔心什麼？他們看得到自己在企業裡的未來嗎？他們下一個職涯目標是什麼？如果領導者自己的需求造成干擾，這個過程就會受到阻礙。自我中心的領導人很少成功，原因也就在這裡，因為他們沒有把團隊的需要放在自己面前。

能流暢掌握情境這個概念，和領導者的眼界大有關係。這是一個多面向的概念，涉及要盡可能理解在場的每一個人。要做到這樣，需要展現同理心，還要有能力去看到別人的觀點。

打撞球時，選手一定要有一隻腳站在地上，領導者也是一樣。他們要有眼界也要能流暢地掌握情境，還要能時時緊抓住「此時此地」的狀況。這是一項要求很高的任務，也讓領導者沒有時間把重點放在自己身上。他們的每一種技能、每一份關注，都必須朝外施展。

性別模型

這個模型使用的原理相同，但同樣的，差別也在於極端的特質不同，然而，我們還是可以用這個模型來評估領導風格。第五章提過，一般來說，我們看到的領導模型通常都由個人、短期與量化目標主導。要平衡這樣的模式，通常都要靠比較長期、比較偏向合作的相反象限施加壓力。

傳統模型通常歧視性很濃厚，而且很浪費資源。查莫洛－普雷謬齊克教授[1]以及其他人的研究提供了很好的範例，我們從中可看到男性領導者多半把重點放在個人目標上，少重視團隊目標。如果我們把這種想法套到零模型裡，或許就會看出性別失衡也是導致我們所見領導失敗的因素之一（參見圖 7.1）。

領導者是演員

這裡要再講一次，如果能理解團隊裡的每一個人需要什麼，將有助於領導者充分代表團隊。支持美國前總統川普的群眾有一項特質，那就是他們相信白宮是一座需要「排乾」的「泥塘」，政府的行事作風太不透明了。川普明白這一點，他投入大量時間經營推特（Twitter），頻頻發表意見。這麼做，可以確保國家機器無法過濾他講的話。忽然之間，他的群眾可以隨時看到與聽到他的動向，而且還不會被媒體加油添醋。這番操作在二〇二〇年一月的彈劾聽證會上達到最高點，當時他一天發一百二十三則推文，差不多十分鐘就一篇。[2]他在訴訟程序中的表現就像是個名嘴，他不斷發言，扮演一個不斷提出反對意見的角色。他也體認到這是一場他很可能會贏的戰役，於是

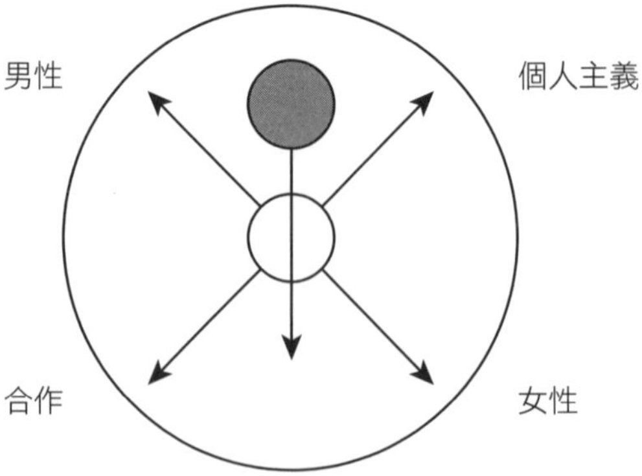

圖 7.1　性別平等模型

他要弄眼前出現的威脅，好讓日後的勝利看來更盛大。川普支持者的另一項特質，是他們對於白宮浪費錢的行徑感到生氣。他的推文也複製了這種憤怒的調性，通常使用大寫字母來強調自己的觀點。他之所以受到支持者歷久不衰的歡迎，是因為他從來不改變調性，從來馬不停蹄，善用時間從事競選活動。從來沒看過哪一個美國總統使用社交媒體能發揮這麼大的效果。[3]以他的支持群眾來說，他顯然展現了他們希望在他身上看到的所有領導者特質：愛溝通、樂於發言、清楚明確且一致。

偉大的領導者都很擅長一件事：判讀氣氛，並依此決定要採用哪一種方法運用或進入其中（或者，至少不要完全走了調）。無論你喜不喜歡川普，他無疑把這套思維運用的很好。

偉大的領導者都很擅長一件事：判讀氣氛，並依此決定要採用哪一種方法運用或進入其中。

權限與權力的差異

所有領導者都知道自己擁有權限（power），他們放眼看去，身邊到處都是展現出地位的象徵，這通常也是吸引他們成為領導者的誘因之一。但，如果他們停下來想一想這些地位象徵代表什麼，那會如何？這可能代表了：「我跟你不一樣，所以你不能用平常和同事對話的態度跟我講話」或者「這證明了我比較重要，你的地位比較低」。

當然，權限很容易就看的出來，比較看不出來的，是領導者背後權力（authority）的來源。權限向來和權力分開，比方說政府就是這樣。總理和總統有權限，但權力則來自於人民和投票匭。同樣的，在現代企業裡，高階主管有權限，但真正的權力來自於股東、最終來自於顧客。

每一位領導者乍看之下權力很大，但如果進一步細看，就會看到每一個有權有勢的人背後有著截然不同的權力結構，可能是股東、投資人，或者團隊本身。舉例來說，職業足球隊的教練有權限，但真正的權力是來自於支持者，後面這些人願意把權力移轉出去，是因為球隊締造了好成績。在醫院裡，醫師的權力則來自於上級專業掌控組織，或者來自治療病人後得到的成果。

領導者要用不同的態度來對待權限和權力。領導者要熟悉前者，愈是經常（而且謙和）展現權限，就會愈顯得渾然天成，就比較少被人挑戰。這看來是好策略。如果某個地方的文化是尊重法律，那麼，就很少會有需要執行法律的時候。人們愈是熟悉權限，就愈不需要拿出來使用。

權力是另一件事，神祕多了。想一想皇室。皇家謙和且經常性地執行權限，因此他們的權限很少受到質疑。但，皇室的權力則神祕的多。神祕來自何處？來自於歷史，來自於為國家效勞，來自於持續的成就。但權力和權限是完全不同的象徵，權限是短暫的地位象徵，權力則是持續性的象徵。機構用鎖鏈、權杖、旗桿、棍棒或鎚矛來代表權力，在權力象徵體系裡，有各式各樣的形象符號，美國國會就用各種羅馬符號裝飾議長寶座各邊的壁面；法庭裡，法官的位置通常比其他人高一點，高度永遠都和權力有關，這也是朝臣要鞠躬的理由。君主體制中當下處理政務的地方稱為朝廷（英語中稱為court，與法庭同字），也是出於這個理由。君主的責任，是要充當法官做出判斷。君主體制的幕僚通常負責解決爭議，他們就是唯一的衡量標準，他們說了算，也因此，英語裡面才會用原意為「尺規」的「ruler」一詞衍伸為「統治者」。共濟會（Freemasonry）也流傳了很多祕密，很多都和創立共濟會的石匠以及標準與度量衡有關。

現代的領導以自我為中心，問題在於太常變成量化取向，不管質化；在乎規模和人數，不管思考的品質。這樣的失衡，導致短期壓制了長期，個人目標優先於群體目標。

領導者是法官

很少有談領導的書講到領導者的角色是法官，但這是很重要的功能。舉個例子來說，上了船，船長除了本來在營運面的領導任務之外，還要扮演法官和牧師的角色。船長獲得授權，可以為新人證婚，也可以定罪。法官不是控方也不是辯方，法官是獨立的，他們必須反映出法庭的價值：公平、不偏不倚、考量所有證據和資訊。要別人認同你的權力，必須公平地執行權限。

也因此，領導者必須養成習慣，等到會議最後才發言。第一，這樣做可以營造出領導者有在傾聽大家說話的認知。其次，會議中討論的想法，很可能是領導者不管怎樣都要推動的概念，等到最後才發言，領導者可以測試大家對想法的接受度，萬一行不通，最後還可以收回。領導者應該等到最終才發言的最後一個理由，是因為他們的工作並不是想出解決方案（他們很樂意去做，因為這會滿足他們的自大自我），而是確認團隊有去做這件事。團隊比較有可能接納這樣得出的構想，因為他們會覺得這是自己想出來的。

領導者必須養成習慣，等到會議最後才發言。

也就因為這樣，人們才用天平來代表法庭。天平也會用來評定或檢驗黃金與白銀的純度。人稱老貝利（Old Bailey）的倫敦中央刑事法庭屋頂上有一位蒙眼的女士，一手拿著天平，一手握著劍。這代表正義和權力達成平衡。

過度部署造成的危險

如果領導者把全副心力放在自己身上，就不可能聚焦在團隊上。他們一定要挪出心力，才能持續監督目標並流暢地掌握情境中的其他面向。這表示，領導者幾乎時時都要處於流動、有彈性的狀態，對團隊中的其他人展現同理。以重要會議為例，領導者不僅要知道目標是什麼，更要有能力考量其他與會人員的觀點，從而有能力導引出共同的結論。領導者當然要知道自己的角色是什麼，但，實際上，他們也永遠要把一隻腳踩在地上。

就因為這樣，能在實體上融入的領導，才會是高效的領導。領導者必須借重團隊中其他成員的能量精力，幫忙達成目標。如果領導者自己沒有能量，或者吝於把能量分給其他團隊成員，就無法實現目標。軍隊非常鼓勵領導者實際上要融入團隊，就是基於這個理由。

這種從實體或活動中感知到的情報訊息，也是有助於察言觀色的因素。一個人如何從行動談吐中展現自信？自信通常會從一個人的姿態和音調中顯露出來。一個人如何展現自己有在聽別人講話而且有親和力？臉龐會透露端倪，他們會挑高眉毛，透露出他們主動地傾聽而且很投入。哪種肢體語言會讓人覺得很有侵略性？可能是從頭到尾定定看著別人的眼神、眼睛瞇起來或是向對方愈靠愈近。你能不能判斷某個人是不是正在喪失信念？如果對方很猶豫而且眼睛不敢直視，你就知道了。

要在會議上判斷出這所有面向，領導者必須要有全然的信心知道可以扮演好自己的角色，這樣他們才能把時間花在別人身上。卓越的領導者也知道，與其把重點放在自己身上，把重點放在手邊的任務或是他人的問題上，也會讓一個人不那麼緊張。

年輕的領導者會犯下最大的錯誤，就是他們認為自己要做更多事。這樣的話，他們就沒有時間或餘裕把重點放在身邊其他人的需求上，也無法處理意外的危機。

地位的問題

領導者有權限，而且一般人常誇大他們的權限，遠高於領導者本身的認知。這種看法造成的淨效果，是領導者慢慢地被排除在日常對話與資訊流之外。如果出了錯，不會有人想要告知有權力的人實情，領導者就這麼被跳過了。反之，如果情況很順利，通常就會有人前仆後繼想要先找到領導者邀功。

這說明了為何領導者的世界觀很快就會被扭曲。他們要不是沒看到問題、任憑情勢發展到不可收拾，就是被養出過頭的樂觀，認為團隊表現甚佳。

要消除這種漸進式的孤立，只能靠領導者主動跳過正規的匯報路線去和大家談談。他們必須要能判讀與解讀別人說了什麼、對方又是用什麼方式表達。舉例來說，領導者可以從職場的整潔度中得到很多訊息，窺見團隊的表現，在安全性和整潔度息息相關的工廠環境中更是如此。[4]

孤立也助長了沒有安全感，領導者沒有安全感，則造成直屬部屬也沒有安全感。要解決沒有安全感的問題，唯一的辦法就是多給予肯定，甚至要帶入更多自我中心思維。

為達目的，領導者要非常清楚他們人在不在場會有什麼影響。有的時候，光是到處走走、和團隊成員講講話，就很夠了。領導者也要知道他們出席會議會有哪些效果，這場會議的目的是什麼？領導者出席會有幫助嗎？如果沒有，那麼，領導者就該避開。領導者要知道自己這個品牌的價值觀是什麼，才可以有效地部署。領導者不需要出席每個場合。

編排領導

現代人已經忘了如何善用肢體。啟蒙時代的重點是心智，但這個時代也有一些重要的哲學家發聲，提倡講求身心之間的平衡關係。

馬爾西利奧．費奇諾（Marsilio Ficino）是一位義大利學者、天主教神父，也是義大利文藝復興時代最有影響力的人文主義哲學家之一，最早是他把柏拉圖現存的全部作品翻譯成拉丁文。他寫了三本有關於生活的書（一四八九年出版），提出大量保持健康與活力的醫學與占星建議。他指出一項和聖奧古斯丁類似的論點，他說，自律對領導來說很重要。他講的自律是要控制自己，但也要控制對結果的認知。

費奇諾提出天使思想（angelic mind）的概念，套用這個概念，你會發現無窮盡領導者是一腳踩在當下，另一腳踩在需要能流暢掌握情境的不同面向，而這裡需要展現實際的技能去傾聽，同時也讓自己被別人聽到。

這要如何應用在實務上？我們就以「長袖善舞」（work the room）這種重要的領導技能來舉例。領導者要知道察言觀色很重要，但他也要知道，身心都要遵循一定的紀律才能把這件事做好。他需要快快地加入對話並且快快退出，也需要知道何時應該加入哪一場對話。

同樣的，要知道在場的人哪一個是領導者需要一點技巧，還要一點對細節的敏銳度。在矽谷的某些會議上，領導者是最高的、講話聲音最大的，甚至是穿著最棒的球鞋的那個人。[5]這刻意塑造出了一套規則，比方說，讓女性更難以參與。基於各式各樣的理由，站起來開啟新對話對很多人來說都是很有挑戰的事。

在這種環境下能顯得可親，是另一種技能。一個人要怎樣才會讓人覺得有親和力？如果你本來就是這種人，那會很有幫助，但同樣的，對很多人來說，展現親和力也是一種讓人很不自在的經驗。做點不同的打扮，有助於啟動對話。有些廣告人物會戴上領結，暗示他們很可親，也跟平常有點不同，但這後來變成老套。

這裡要講的重點是因地制宜，在面對國際性群眾時尤其重要。因為國別的不同，有時候可能需要增加肢體的動作，比方說以觸摸表示同理。顯然，這是需要注意的點，還有，請謹記，啟蒙時代著重的是心智上的領導，記住這一點很有用。但，同樣的，軍隊裡的領導不太一樣，通常會有很大量的肢體接觸。

握手通常是第一個透露出領導者在肢體上表現如何的信號。從握第一下開始，你馬上就可以知道很多事。有時候，有人會再加上用兩手來握或是拍拍背，男人之間尤其會這樣。如果握手的力道很弱，可能會被解讀成此人不可靠。有些男人會施展一個小技巧，抓住對方的手然後旋轉九十度，讓自己的手在上方。這稱為「占上風」，一般認為這個詞來自美國的運動界。打棒球時，要決定由哪一支球隊先挑選球員，兩邊的隊長會一人先握住球棒的底部，另一位沿著球棒把手在第一位隊長的手上方，接下來，他們就輪流把手往上挪，直到來到球棒的頂部。握住球棒的人占得「上風」，有優先選擇權。

權限需要能持續，而且要有包含了雙向溝通的清楚明確；權力不需要雙向互動，而是一種廣為周知的現象。權限關乎做什麼，權力關乎是什麼。

自我中心的領導者最大的問題，很可能是他們沒有安全感，而這又常常會引來有類似缺憾的人，[6]這會醞釀出一種最嚴重、最有害的領導情境：傲慢的領導者帶領一個唯唯諾諾的團隊。團隊組成多元化為什麼這麼重要，原因就在這裡。

領導的象徵符號

我們都很熟悉象徵領導者地位的符號，包括高階主管配車或司機、差旅可搭乘頭等艙或商務艙、寬闊的辦公室、特別雜支費用、個人助理、安排在桌首的座位等等，這些都是辦公室環境中常見的象徵。而明智的領導者很清楚這些東西會帶來副作用：這會讓領導者減少與其他人體驗到的世界溝通。這些東西讓領導者更難進入其他人的世界。

這些都會阻礙溝通，就像失聰的法官，聽不到當事人的論點和抗辯。這表示，他們聽不到小眾少數的聲音，而危險也就在這裡悄悄潛入。所有的新概念最早都是透過小眾發生，早期採用者也是潛在新市場裡的小眾。有鑑於此，領導者需要防止「多數的專橫」。最先提出這個概念的，是哲學家約翰．史都華．彌爾（John Stuart Mill）。他指出，我們要持續挑戰大多數人的觀點，以驗證目前仍然適用。

在這方面，領導者要擔任法官，一方面評估未來，一方面要專注在職狀況，或者說現況。之後，領導者要來到一個以思考上來說讓未來與過去相遇的點上。如果把平衡往前拉，未來就會占優勢，如果往後拉，就由過去或現在主導。

領導者聽得到多少異議，和這密切相關。嗯，任何心智正常的人都不會對主管說他們笨死了，但如果主管徵求意見，代表他們容許部屬提出回饋。如果領導者能拿掉權限的象徵符號，會容易的多。

未來、新的想法與新的人，都是異類。領導者要展現他們有多願意、實際上又做了多少去擁抱改變與新概念，來彰顯他們推動變革的意願。要做到這一點，他們要做好做實驗的準備，針對概念發想訂下所謂的「STT」標準，這是「safe to try」的縮寫，意為「安心嘗試」。如果嘗試新概念、新方法或新流程不順利的話，也不用承擔什麼惡果，那為何不做？

有很多高階主管會轉換成零售客戶的身分，或去外面和不同的人交流以找到新的想法精益求精。高階主管匿名悄悄去做的話，這是很有用的方法，然而，如果高階主管願意問一句：「你認為呢？」也可以激勵很多人。這是領導者詞庫中力道最強的四個字。

「你認為呢？」也可以激勵很多人。這是領導者詞庫中力道最強的四個字。

領導者是資產保管人

我們也可以從長期保管資產這個想法裡看到平衡的概念。資產不僅是帳上登錄有案的那些，這是財富創造的整體特質之一。以企業裡的資產來說，多數構成因子都沒有列帳。就以你坐的椅子為例，組織大致上知道這張椅子的價值，可以告訴你當初花了多少錢購買、轉手可以賣多少錢，甚至可以告訴你換一張要多少錢，但無法告訴你當你坐在椅子上時，我們一起想出來的構想有多少價值。這是一種很奇怪的會計制度，多數真正構成價值的因子都用「商譽」一詞帶過。商譽在資產負債表上是一個歸於資產價值的抵減項。

正因如此，領導者要考量新狀態與現狀之間的平衡，有形與無形之間的平衡。一個人要做到怎樣才叫負責任？通常是指講話要合情合理，要符合行為標準，還有最重要的是，要有判斷力。在考慮能不能讓某個人成為一家有限公司的董事時，有一種測試辦法是去檢視此人是否為「適當人選」（fit and proper person）。這是什麼意思？英國政府說：「法律上並未針對『適當人選』訂出明確定義。」那麼，這個測試辦法不是沒什麼用嗎？基本上，這項測試會刪掉不符合董事資格、涉及詐欺或者其他詐騙行為（包括不實陳述及／或竊取身分）的人。

因此，領導者要擔負信託責任，要以「適當」的方法做人處事。很多領導人很奇怪，他們缺乏這種敏感度，因此身陷泥淖。他們有看到權力與目標，也有些人會看到要完成哪些任務，但大多數人都看不到要負責任地行事這項隱含的責任。如果他們已經決定不為善，至少也要做到不可積極為惡。

這裡有一個懸而未決、但很值得去問問領導者的問題：你的組織與團隊奉行的價值觀是什麼？你自己又如何體現？

領導者與未來

領導者基本上是負責保管價值的人，也因此，好的領導不是把時間花在預測會發生哪個結果，而是為了很多可能的結果預作準備。這種作法養出的信心，決定了很多行業的很多領導面向。這在商業上當然很重要，但在司法、教育、醫療保健、宗教、交通運輸（例如航空業的飛行員）、建築師和工程師等等領域也很重要。

有太多領導者都忘了，自己要講的故事大部分的重點要放在如何替未來預作準備。這是說，他們要有能力檢視共通結果：亦即，未來不管情況如何，有什麼東西是一定必要的？

嗯，答案就是正面積極、務實、努力而且很有幽默感的人。也因此，不管經濟周期如何變化，領導者永遠都要尋找這些特質。

有另一個原因使得領導者很難勾畫出未來，舉個例子來說，假設領導者已經七、八十歲了，顯然，人們不相信他們會有長期計畫，因為他們自己可能都看不到了。

領導者是讓人們對未來有信心的關鍵，領導者能讓其他人也跟著有信心。決定未來的是信念，確實，如果對未來沒有信念，資本主義就無法運作。如果遞延愉悅沒有道理，那麼，人們為何要存錢、學生又為何要通過考試學習技能？資本主義能運作，是因為相信這樣可行。信心就是信念。因此，我們可以說，股市和制度性宗教有共同之處，兩者都仰賴信念，都是信念導向。

很多時候，這種信念都會以信心的形式表現出來。信念是帶動市場的力量，有沒有信念也是決定他人認為你的領導成功與否的關鍵因素。領導者不是在當下證明自己適任，領導者是保管未來的人。

什麼叫魅力？

我們很難客觀地定義何謂領導中的魅力，能吸引到某個人的特質可能讓另一個人避之唯恐不及。然而，在帷幄幾輪募資行動中，有些記者注意到諾伊曼很高，有些人甚至講到他頭髮「濃密」；[7]馬斯克身高超過六呎（約一八三公分），馬雲則是五呎二吋（約一五七公分）。這裡的重點是，魅力絕對不是一般性的特質，有時候這是一種自我循環的結果：有些人之所以顯得有魅力，是因為每個人都說此人很有魅力。生理上非比尋常的特質，常會讓領導者生出一種神祕的氣質，而這和價值的概念有關。所有的價值都很神祕。舉個例子來說，英國藝術家達米恩．赫斯特（Damien Hirst）把骷髏頭鑲上珠寶，創作成一件藝術作品名為

「獻給上帝的愛」（For the Love of God），價格不斐，二〇〇七年時以一億美元售出。沒有人講得出道理何在，反正就是這麼高價，這件作品賣給了準備好支付這個價格的人。不可思議的神祕，是價值的核心，看起來幾乎和瘋狂沒什麼分別。確實，這兩者都沒有理性邏輯，但其中一項因為金錢而顯得煞有介事。邏輯在這個範疇中無用。很多投資人就是基於這一點而轉向有魅力的領導者，這是一個每個人都聽過的故事：國王的新衣。

超富有投資人其中一個最讓人不解的面向，就是他們會出於非理性的理由來支持某些領導者。在這個時候，對這些投資人來說，是有沒有賺錢比較重要，還是營造出奇特的價值認知、獨力推動市場比較重要？他們對價值可疑的物件展現了堅定的信心，而這又變成了自我實現的預言。因為這樣，錢通常又能賺到錢。

領導的「光」

領導者有召喚力。不管他們去了哪裡，都可以引人注目。需要分享注意力時，這會很有用，尤其是通常沒人會注意的領域。因此，領導者的任務並不是什麼都要照亮，而是讓某些事物能顯得更清楚。這會顯出明暗對照：關於團隊如何看待身邊的事物、又看到了什麼，由領導者凸顯出當中的光明面與陰暗面。

領導者是薩滿巫師

部落裡的薩滿巫師（shamen）是最有經驗或最有技能的人，他們也最受信任。當部落遭遇危機時，人們通常就會來找薩滿巫師。薩滿巫師不見得是制度裡的正式職務，比較屬於社會運作面。從企業的角度來說，他們比較像是櫃台人員，而不是人力資源的人，他們通常不尋求曝光率。因為這樣，領導者一定要和這種使者型的人物保持密切關係。

技術變革如何傷害個人的權威

技術變革對權威有何影響？這會改變權力的平衡，讓權力偏向顯然能控制科技的人。還記得電影《侏儸紀公園》（*Jurassic Park*）嗎？劇中的領導者並不是知識與經驗最豐富的教授，最有權力的人是程式設計師，他負責控制防止恐龍進入的柵欄。

科技改變權力最強力的方式，可能是透過科技的記憶。我們就以訴訟或個資法為例。

法律可能會規定揭露訴訟的消滅時效，比方說五年。但，如果透過 Google 搜尋某個人或某家公司，此搜尋標的和特定訴訟連在一起的時間可能高過五年。事實或許已經歸屬於不得揭露的範圍，但顯然還是都被揭露出來了。收集到的資訊愈多，得到的歷史紀錄和過去就愈多。誰控制數據、控制記憶與決定要遺忘什麼？在談到聲譽或品牌時，這一點特別重要，因為不管控制數據的人是誰，這些人都是過去的保管者，我們已經在評鑑網站上（例如 Tripadvisor）看到這種情況了。如果你無法控制數據，就無法掌控歷史最終如何記錄事實。

摘要

多數領導者都身在自己小宇宙的中心，這種以自我為中心的領導者，會堅持也要成為他人宇宙的中心，對某些人來說，這樣做才對。因此，領導者必須體認到自己身上顯現出的是自己所處社群的價值觀。這是很重大的責任，然而，如果你認為這是一種特權的話，其實也是。因為你的角色，你可以左右別人的感受，沒有太多人有機會讓他人的人生大不相同，但領導者可以。那麼，為什麼這麼多領導者的表現這麼糟糕？答案是他們很自我。權限和地位讓他們覺得自己很重要。嗯，他們確實在某個時段暫時很重要。這類自我導向領導者的問題是，他們會不斷想要驗證自己真的很重要，這股需求永遠無法獲得滿足。

營造出中心不是問題，但你不需要成為中心。如果領導者變成中心，這樣的文化將無法長久下去。應該位居中心的，是文化。在領導者的干預都煙消雲散之後，最終留下來的會是文化。

如果你必須身處中心，你得用太陽系的思維來思考：太陽拉住所有的星球，提供溫暖與日常的韻律，以利成功運作。這是無限的過程。我們要找的不僅是能達成平衡的領導者，老的領導者更要把自己的需求放到後面，先考量如何平衡團隊和社群。

人之所以會陷入自我主義造成的各種問題，是因為我們所受的教育。我們被鼓勵要奉行個人主義、要有競爭力，要不惜一切代價求勝，也正因此，教育值得我們好好談一談，這也是下一章的主題。

第8章

零教育

我們如何幫助領導者預作準備以迎接未來？領導者的教育需要做哪些改變？他們應該向誰學習？要改變領導者的教育會遭遇哪些阻礙？精神性靈層面能不能發揮作用壓制不道德行為？替我們做準備以面對未來的教育體系中，有哪些固有的缺點？

以第一個問題來說，我們必須承認，我們幫助領導者預作準備時，反倒害得他們失衡。

我們太常強調西方著重分析與數據的化約主義原則，卻不夠重視判讀心思與詮釋感受這些事。光有事實已經不夠了，大企業所付稅金的占比低之又低，所以，就算他們宣稱自己守法納稅，那也沒什麼用，大企業承擔的稅負很低這件事引發的感受，才是重點。我們或許都可以想出某些合法、但不見得合乎道德的事情。污染河川之後乖乖繳納罰款的企業，無法抹掉信任遭受的損害。

好的領導作為應該要有滋養能力，能把組織的文化和員工的價值觀拉到更高的道德行為層次。領導者展現出合乎道德的領導，才可能孕育出更高度的正直誠信。這可以提升信任感，並鼓勵團隊接受與吸收群體的願景與價值觀。教育系統設定的領導背景脈絡，是我們檢視領導時的一個重要面向，這會全面影響我們認知到的領導者定義。比方說，所謂領導，指的是單一的人，還是每一個人都有的一種態度？如果是後者，團隊的成效會更高。然而，在中小學與大學裡，都是個人之間彼此競爭的局面。學校制度設計成要把在同一年出生的人組

好的領導作為應該要有滋養能力，能把組織的文化和員工的價值觀拉到更高的道德行為層次。

成群組，從中產生贏家和輸家。但哪一個產業是用出生年份組成群體？軍隊可能算吧，但也就只有這個了。教育系統設計成會有某個人（而且是一個人）勝出贏得大獎，但問題是，在教育體系之外的真實世界裡，事情沒這麼單純。

領導者的任務，是要確認每個人都做出了最大貢獻，這包括發揮最高度的合作、同理、耐心、一致、忠誠和正直誠信。這些都不是教育體制中會強調或評估的特質。當你幫忙同儕得到更高分，並不會讓你也得到更高分。教育體系設計成高個人成就就等同於領導，但事實上並不是。這是假設每一個團隊的目標都是要讓某個人「贏」。

那麼，要回答「什麼樣的人才是好領導者？」（以及連帶的「他們需要具備哪些特質？」）這個問題，答案就是「視情況而定」，因為每個群體的目標不同。那，團隊還有什麼其他的標準？

有些領導者是根據要「活下來而且活的好」的標準應運而生，這可以定義為「家族領導」（family leadership）。這類領導者並不為達成某個特定的目標，但仍然提供領導、支持與保護。

同樣的，在一個希望創造「沒那麼糟糕的結果」的組織裡，比方說臨終安寧照護，檢視領導者的標準很可能是否能讓病患有尊嚴地死去。同樣的，這方面可以有很多有意義的主觀標準，但沒有量化目標。在這種情況下，領導者必須具備敏感度、耐心和憐恤之心。

我們在以軍隊裡的領導為例。軍隊不會僅有打敗敵人這個唯一目標，因為根本連有沒有敵人都沒人確知。軍隊的目標，是要讓隊伍接受完整的訓練，做好準備應對每一種結果。雖然沒有直接要「贏」的目標，但這仍是一種領導。就算軍隊並沒有收到行動的命令，軍隊的領導也必須時時強化對國家的承諾、注重國家的利益與凝聚軍隊的向心力。

計分、分數與成績已經主導了教育。

成績和分數

計分、分數與成績已經主導了教育。學生從很小就面臨分數的壓力，一路要算到高中大學的學科平均（grade point average, GPA）以及研究所階段的研究生管理科入學考試（graduate management admission test, GMAT）分數。[1]這些分數很重要，因為會決定人生的結果，有些學生還會為了分數自殺。[2]

情勢怎麼會發展到這個地步？在工業革命期間，學生很多、老師很少。一七九二年，劍橋大學一位導師威廉・法里什（William Farish）想出一套辦法，讓他可以在更短時間內處理更多學生。他發明一套評定系統，源出於早期工廠用來判斷生產線上製造出來的鞋子是否「達到標準」。這用來當作基準指標，決定應該支付給員工多少薪資，以及做出來的鞋子能不能拿去賣。這套評級方式把評等標準化，提高了處理量並降低了課堂上要花的時間。

換言之，學校系統被設計成像工廠一樣，在投入與產出兩個面向都採標準化、品質控管與設定生產目標。如果我們之後要做的事都是流程與生產線導向，這就沒有問題。當然，人生中會有一些標準化流程，但我們要領導的不是流程與機器，我們要領導的是人。那，我們為何從沒改革體系？事情是有一些變化了，但教育已經變成一個政治意味濃厚的議題，比較少有人關心怎麼做才比較有效率，以及要怎樣才能更大力帶動社會流動。此外，教育大部分都由國家用由上而下、中央控制的辦法實行。自由學校革命，例如英國肯特郡（Kent）的賴學院（Leigh Academies），則填補了注定追求學術成就與從事其他行業的學生之間的落差。[3]

法里什完成他的系統之後，他就不需要去親自看每一個人也能知道學生們是不是理解某個主題，他的評分系統會給他答案。這套系統的問題是，如今，學生就算拿到學位，但還是有可能不理解自己修習的主題。比方說，你可以研究痛苦，讀完每一本講痛苦的書，正確回答出理論上的每一個問題，但如果你從來沒感受過，怎麼能說你懂痛苦？

法里什的系統不管是評估二十個學生還是兩百個，效率都一樣高。當他帶著分數進教室，就產生了既突然又驚人的轉變。就在這一代人之間，講堂／教室工業化了。分數最高的學生是好學生，低分的則是壞學生。這套系統本來的用意是為了提高處理學習的效率，表面上來說，可以用獨立可驗證的標準來教更多學生。

這套系統有三重副作用：首先，這套辦法把流程和制度變成最重要的產物，而不是養成人才。其次，這套辦法養成的領導者是受過訓練靠自己通過考試的人，而不是訓練他們去領導一群人。最後，這種制度教學生的是齊一的想法，而且要經由第三方驗證。這或許可以解釋為何政治的手要伸入教育。誰控制了教育，就能控制被視為教育的內容。

因此，畢業生在幾乎沒有準備之下進入了需要群策群力的社會，推遲了領導的進步，也更晚才開始感受到理想破滅，體會到花了很大的代價做好的準備卻如此不足。

教育的價格

如今的畢業生很有可能背負更高的學貸，這會阻礙比較貧窮的人去接受教育。更讓人擔心的是，這一群人的想法很可能都很相似。

這是我們的錯，白金漢大學（Buckingham University）的歷史學家、傳記作家兼副校長安東尼・賽爾登爵士（Sir Anthony Seldon）也這麼認為。[4]白金漢大學是英國唯一一所非營利私立大學，這是和其他英國大學的最大不同之處。他說如果學校不教倫理道德，學生就學不到，這話確實有道理：

> 我們現在的處境是，負責經營全世界各教育體系的都是如格萊恩（Gradgrind）[5]之流的人（譯註：狄更斯筆下的人物，控制經濟與教育體系，重實利不講情義）。不管是誰，只要說到我們可以把教育的目的化約成通過考試，用的都是這套方法，也都犯下了錯誤。大考小考重要，但沒那麼重要，問題是，很多人都認為考試就包括了一切。

我們需要的領導者要能獨立且有創意地思考，而不是只會通過由他人獨立驗證的考試。這些驗證方的主要目的，只是要讓系統長久維持下去。

以下這段話，摘自羅伯・喬治（Robert P George）在教育二十／二十（Education 20/20）演講系列中的結語。喬治是一位美國法學家，也是一位政治哲學家，在普林斯頓大學的美國理想與制度（American Ideals and Institutions）中擔任麥可密克法理學教授（McCormick Professor of Jurisprudence），並身兼詹姆士・麥迪遜計畫（James Madison Program）主任。講起來，他可不是沒有受過良好教育的人。

你們把愈來愈多元的學生送到在大學裡教書的我們面前……但我也看到別的東西，那是我們不想見到、或者說不應該見到的東西：雖然學生的背景大異其趣，但是他們的觀點、視角和偏見都很相似。這些學生都吸收了我稱之為「紐約時報」的世界觀。他們去思考他們認為自己要思考的東西。他們顯然以毫不批判的態度接受了進步主義意識形態，用羨慕、服從以及……唉，獨斷的態度去擁抱，當成一種信仰、一種宗教。[6]

這證明了去論證一位領導者是「好」是「壞」根本是徒勞，而且非常無用。對什麼來說是好？以什麼來說是壞？學業表現合格但是什麼都不懂是好是壞？沒有任何資格但是能深入理解又怎麼歸類？首先，標準是主觀的；其次，領導者的好壞，僅由團隊的目標決定。各種質化與量化目標之間，必定有一個平衡。第三，領導的好壞要由觀點決定。如果領導者容忍團隊裡的弱點，那麼，表現比較差的團隊成員很可能會給領導者更高的評價，比較強的成員很可能不同意，認為這是加重團隊的負擔。

我們來看看教育體系裡要找哪些特質來標記未來領導者。在中小學、大學和職場上，我們會拿到「評分」，我們會得到分數（參見表 8.1）。在日後的生活中，我們會得到以金錢和地位來呈現的分數。

計分卡右手邊的項目是重要的領導特質，但僅限於能套用在當下的任務或團隊上。中小學或大學裡通常不會衡量這些特質，為何？是因為這些特質在領導當中沒那麼重要嗎？在選

表 8.1　教育計分卡

這些可以讓我們贏得分數	這些無法讓我們得到分數
正確答案	同理
服從	不服從
個人成就	合作
通過考試	教別人
行動	忍受
注意	想像
化約	決心
成熟	幽默
智性	謙遜
組織	正直誠信
機會主義	忠誠

擇領導者時，右手邊這些特質可能都不是會考量的正統選項。

如果我們接受現實裡的中小學和大學把這些技能視為附加項、或者說是有了會加分的項目，這也造成了我們粗製濫造大量「不具備」這些特質的領導者。說起來，問題顯而易見，但我們卻視而不見。之前，我們提過，執行長失敗的第一個理由是「道德缺失」，那麼，我們能不能畫一條線，在心裡把初期教育中所教的東西和這個結果連結起來？

正直誠信、決心和謙恭等特質很難獨立評估，但這些都很重要，也因此，我們必須拿出判斷力。表8.1中右欄列出的所有技能顯然對團隊來說都很重要，但都不是選擇領導者的正統標準。更糟的是，右手邊這些也是最常（而且通常語帶輕蔑）和「女性」特質連上關係的技能（參見第一章和第七章提過的湯瑪斯・查莫洛－普雷謬齊克研究）。

要思考，也要感覺

目前，我們可以看到幾乎所有領導中都有一股趨勢，那就是由理性智性的思維強力主導。我們培養出的領導者，相信人只有在理解之後才能投入。不對。人唯有在他們覺得自己被人理解之後，才能投入，這兩者是有差別的。不見得每一個重要因素都能被考量到。

我們需要的領導者，是能傾聽且能對話以尋求理解的人。你能不能用這種方式教學生思考？學生接受的各種訓練流程極偏向理性邏輯，他們很可能會把感覺這種事斥為沒有道理。同樣的，愛也無法解析，教育可能也無法教你如何好好去思考愛。很多人分析這句話，結果無法「理解」。他們會分析、會批評，卻看不到更大的問題：分析取向本身就是問題的一部分，他們只會批評。

要說服受過教育的人說他們最大的資產可能也是最沉重的負債，幾乎是不可能的事。別忘了，很多人在體系裡花了二十年的時間。這套系統有本能反應性，而且會自鳴得意。大學生畢業之後又去攻讀研究所，然後回過頭來教大學生。這套系統當然不能出錯，不然的話，我們就會損害我們（以及父母）花掉大錢得來的東西。教育定義我們，定義了我們的朋友，決定了我們是誰、會住在哪裡。大學是人生邁向不同階段的最重要通過儀式（rite of passage）之一，我們真的很難承認這套制度裡可能也有固有的缺失。但還是有方法。

做完分析之後或許可以得到概念，但走完流程就不必然能發想出想法。我們要把大腦想成是有彈性的東西，當我們用分析把大腦往某個方向推，大腦會往反方向復原。分析之後是綜合。分析是「左腦」，綜合則屬於「右腦」。我們怎麼知道？因為愛因斯坦。愛因斯坦不蠢，但他的主管認為他很蠢，愛因斯坦曾經是專利局的職員。

替愛因斯坦寫傳記的華特・艾薩克森（Walter Isaacson）在他寫的《愛因斯坦》（*Einstein*）書裡分享了愛因斯坦對於獨處的想法：[7]

> 我確實是一個「孤獨的旅人」，我真心認為，自己從來不屬於我的國家、我的家、我的朋友，甚至也不屬於我的小家庭。在面對這些羈絆時，我從來不曾少了距離感與對獨處的需求。

愛因斯坦把很多時間花在脫離朋友、家人與工作之外的環境，除了思考什麼都不做，通常都只有獨自一人。他會花很多時間散步、拉小提琴和航行，這些獨處時刻是愛因斯坦概念的來源。

諷刺的是，愛因斯坦抱怨因為很多裝置讓他分心，但這些可都是因為他的發現才得以問世呢。還有，他也不用對付二十四小時聒噪不停的新聞和社交媒體。

多數的大學畢業生都怯於承認，他們真正、真正的好構想（所謂的靈光乍現）都來自很奇怪的地方。不管是不是大學畢業，每個人都有過這種經驗，要怎樣才會發生這種事是很值得討論的議題，這些是很特別的情況。愛因斯坦知道，偉大的構想通常會在孤獨的時候顯現，多數都出現在人沒在工作的時候，多數都發生在你沒那麼用力嘗試的時候，對某些人來說，這甚至是當他們昏昏欲睡時會發生的事。[8]看起來，人天生就內建了一套能連點成線的能力，但我們必須找到時間，停下來。[9]這會有點難，不見得每個人都做得到，對政治人物來說幾乎不可能。

這裡的重點是，花費心力去這麼做很值得。偉大的想法不只是涉及分析流程或概念流程，而是兩者兼具。

光芒

光芒很難定義，更不可能拿來教學，但是有些人就是有一些特殊的東西。光芒很難具體而言，但你看到了就會知道。光芒是什麼？說到底這包含了多種不同的技巧，但在這些之外要再加上去的一點，叫彈性。這些人幾乎在任何想像得到的環境下都很愜意，也有能力刻意且隨即在教育計分卡中的兩欄之間隨意切換。這就是我們所說的平衡。平衡不只是要有能力留在均衡的狀態，更要展現韌性對抗引發動盪的力道。平衡是一種習慣，是一種心態。

當然，能量是當中的核心。少了能量，任何領導者都無法開跑。但有能量還不夠，多屬領導者對於自己所做的事都抱持熱情，對他們來說，這些事幾乎是唯一重要的事。因為這樣，他們才能讓身邊的人感受到他們的特別。任何人都可以效法，重點就是專注在小事上，定期查核，務必做好準備，在討論時提出想法以加速討論速度，警慎對待任何發生的問題。幾乎所有好的經理人都具備這些能力。

當然，領導者必須成為典範，讓上行下效。領導中有一個比較不明顯的特性，就是也應該要向上管理。能讓領導者與眾不同、提升到更高層級的，是有沒有能力向上管理。做部屬的人當然喜歡能告訴他們最新狀況、和他們討論、幫助他們解決問題的人，但領導者同樣也喜歡！

關於領導，一般人的迷思是認為領導是單向的，但這裡我們要講到一個重點是，領導不只是向上領導與向下領導，領導是全方位的。領導是穹狀的（quaquaversal）；「quaquaversal」一詞來自於拉丁文的「quaqua versus」，意思是「轉向每一個方向」。無論在組織架構中是向上、向下還是平行，領導就是領導。領導者的任務，就是把自己的心力放在別人身上，不去管這麼做對自己有沒有好處。這樣可以立下典範，不僅展現了智性或技能，也表現出道德。當組織的領導者做到這一點，他們便也成為社區的領導者。

或許有人說：「我是領導者，我沒空做到這樣。」你永遠有空去做好事。不管多長多短，領導者永遠都騰得出時間。他們很忙但又可以挪出時間，這一點讓他們的姿態和介入行動更有力量。多數領導者都不理解，他們獎勵或認可別人的能力便蘊藏著力量。這不花錢，這不用特殊的地位，這只需要一刻的體貼。

哪些原因促使某些人承擔起這樣的責任，很難說的清楚，有可能是期望、有可能是他們深深感受到這份責任，我們只能說這很罕見。當我們看到了，就要大力表彰。基於已知的種種理由，真正偉大的領導者對於拉抬自己這種事泰然處之。他們甚至沒有意會到自己正在做了不起的事。這或許是一種層次更高的天命？

道德面向

教會領導者可以在幾個方面結合神學研究和企業管理，這讓他們在管理教會時成效更高。但我們現在要談的，是知道自己在性靈上乘載了更高的天命，而不只要負責賺錢或匯聚權力而已。

你永遠有空去做好事。不管多長多短，領導者永遠都騰得出時間。

如果我們把各個時代在商業上的領導拿來做比較，我們可以指出，從很多方面來說，這個世界變得更偏技術性、更全球化、更專業化、更多元、更有效率、更好爭辯、更互相牽連，但我們很難說企業的行為愈來愈有道德。

這可能是因為道德不重要嗎？企業為何要做好事？為何要介意聲譽？嗯，以短期來說，你可以說有沒有道德沒有差別，但，就像我們之前講過的，如今有更多公司聲名塗地，也因此毀了企業。

在銀行與金融服務業中，這種情況尤其明顯。這個產業的核心本來應該享有信任，但這樣的信任已經在二〇〇九年的重大危機當中損毀殆盡。金融業應該是最保守的專業，如果你毀掉了對金融業的信任，那麼，連帶的也拉低了其他領域能得到的信任。

正統的專橫

缺乏道德如今已經對領導構成威脅。

但，光點出「如果領導者素行不良他們會自毀前程」，這樣就夠了嗎？我們怎麼會落到連點出這一點都還要想一想的地步？這是因為我們已經把某些領導法則當成神聖不可侵犯，比方說：

1. **我們過度重視短期**。如今，五年期的計畫已經被視為幻想之舉，多數組織現在都只是想辦法一季度過一季。執行長的平均任期正在縮短，[10] 員工的平均服務年資同樣也在縮短。
2. **我們過度重視量化的成就指標**。代表了成功的財務目標，主導了決策。這些當然是重要的指標，但還有其他方面也很重要，比方說客戶滿意度。
3. **當我們在思考領導時，通常想到的都是領導者這個「人」而不是領導這件「事」**。我們之前也提過，我們把焦點放在耶穌或摩西等宗教人物型領導者傳遞給我們的光環，這些領導者都是男性、中年而且非常有遠見。
4. **領導已經和社群以及社群目標離的太遠**，領導者賺的錢與低薪者賺的錢差距愈來愈大，就反映了這一點，人們對於領導者的期望也說明了這一點：人們希望領導者是超人、最辛苦工作的人、最聰明的人、時時能看得到的人。這使得領導愈來愈難多元化，因為看起來只有超人才能領導。
5. **在制度性宗教疲軟的情況下，政府的領導也脫離了「道德」要求**。不是要抱怨，但我們一定要講一件事：宗教和道德是兩回事。政府必須扮演設定行為與正直誠實標準者的角色。最好的作法之一，是政府要知道何時必須挺身而出，而人民也要知道政府不必然就是好政府。

6. **我們已經不再在意「地區性」議題了。**領導愈來愈著重量化，從而也愈來愈追求量化，也把領導進一步帶離地區性路線。這反映在有愈來愈多城市區域成為有經濟與政治影響力的地點。現在，城市和市場的地位已經超越總統、首相和國家了。

7. **我們讓領導者把焦點放在追求成就上，而不是維護價值。**舉例來說，如今常見慈善機構或第三部門組織的領導者職銜為執行長，這是從企業領導階層借用過來的職稱。如果負責本地教會的不再是教區牧師、神父、本堂牧師、伊瑪目、拉比或格蘭蒂（Granthi；譯註：錫克教的神職人員）而是執行長，我們會有什麼感覺？

8. **我們輕視、看不上在乎其他人、保護其他人的人，**比方說護理師、居家照護人員、老師、警察和軍人。這些職業都無法給予豐厚的財務報酬或是福利，因此都不是人們眼中可以快速登峰的職業。但與創業家或企業領導者相比，這些人就算沒有比較偉大，也同樣是英雄。

9. **我們已經深信取得外部財務資源是壯大企業的最佳方法。**有耐心的再投資呢？人們也有一個想法，認為企業如果沒有專業的融資，注定只能低度成長而且前景黯淡。一家沒有

「燒錢率」（burn rate）的企業，被視為沒有想像力，換言之，企業花錢的速度應該快過賺錢的速度，以做好準備迎接規模遠大於現有客群的人潮。即便真的採用這樣的模式，實際上也很少有人成功。這或許也解釋了為何能成功運作並且賺到錢的企業少之又少了。問題不在於業務，而在於融資模式與建構出融資模式背後的信念體系。

10. 最後，**我們過度相信僅有技能和教育才重要的概念**，基本上，我們不討論、也沒有接受任何與態度有關的教育與訓練，也不去管態度到底能造成什麼差別。不管是任何階段，教育體系裡都沒有任何一堂課會教這個主題，在研究所的訓練中更是付之闕如。但，態度會全面性地影響結果，決定成不成功。我們可以把決心、韌性和幽默感放進態度裡。考試或應徵面試時都不會正式評估這些面向，因為這些無法用科學方法來衡量。正規教育體系有缺點，不僅如此，正規教育體系根本遠遠不足。

我們要如何改變教育體系的運作方式？

簡言之，我們必須循序漸進地改革，速度可能慢到現有的體系根本無需改革，就這樣消失了。自由學校運動基本上改變了中等教育的取向，現在，遲來的變革也發生在領導教育中。

首先，**領導者不一定要有大學學位**。當然，受教育可以得到很大的優勢，但受教育的主要理由是要讓人學會開啟新的思考方法，並且質疑過去學到的東西。美國人口統計局（US Census Bureau）指出，[11]完成高中學業的美國人有九成，但僅有三分之一有大學學位。[12]這表示，我們基本上是把三分之二的人排除在領導角色之外。這些人當中不可能沒有任何人具備領導潛能。

領導者不一定要有大學學位。

我們也要體認到，**針對企業管理預做的準備，並不等於領導訓練**。企業管理需要具備很扎實的各種實務技巧，領導涉及的技能則不同，比較接近我們在前面列出的項目。

教育體系的重點在人。系統裡把人分成兩群：學生、老師和講師。大部分的老師和講師都是大學畢業生，通常也出身於大學畢業生的家庭。在他們工作的系統中，強調的是：

- 個人成就，而非團體導向成就。
- 學術與分析能力。
- 服從，而不是叛逆與獨立思考。
- 短期目標，而不是長期目標。
- 如果舞弊，最糟糕的結果是遭到驅逐與受到譴責。

學術環境免於遭受時間、財務與競爭等重重壓力。外面的世界裡，抄捷徑會得到大獎；造成不道德行為的通常是投機取巧這種事，而不是無能。

領導是一種天命

德懷特．朗格內克神父（Dwight Longenecker）是美國南加州格林威爾（Greenville）聖母玫瑰堂（Our Lady of the Rosary Church）的本堂牧師，他在《想像的保守派》（*The Imaginative Conservative*）期刊[13]中寫過一篇文章，列出企業用的聖本篤之道（Benedictine principles）：

> 根據準則，企業承諾要恆居（stability）、日進於德（conversion of life）和服從（obedience）。服從一詞的字根在拉丁語中是「傾聽」之義，因此，發誓要服從也就等於發誓要傾聽。

成功的領導者應從學習傾聽開始。還記得自我中心模型嗎？參見圖8.1。

這代表要傾聽市場，傾聽供應商、客戶與員工。

另一條聖本篤之道是恆居：

這表示承諾終生要對一個社群忠心。以現代領導者來說，恆居之誓指向要以穩定的態度對待團隊。在企業背景條件下，恆居意味著要打造穩健確實的基礎，避免不必要的風險並投資長期。

朗格內克神父補充：

……人要透過領導與應用道德原則，才會開始看到人生中不光只是利潤而已。

因此，我們在這裡就可以看到，領導確實可以在世界上帶動實質的變革：

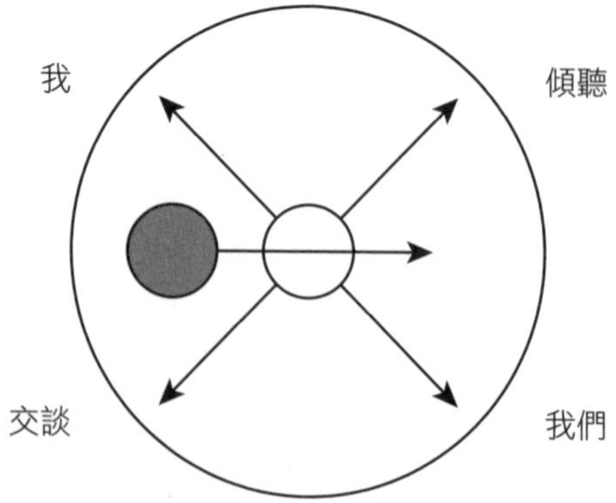

圖 8.1　自我中心模型

在這種環境下，日進於德指的並不是主觀的「轉變經驗」，而是循序漸進的、持續的且堅毅的變化，不只要改變自己的個人生活，也要改變整個社群與整個世界。這非常強而有力地指出了領導要不就是一場道德上的聖戰，要不就什麼都不是。

祈禱與人

聖本篤之道的重點不是祈禱，真正說的是人要如何共存。

不在講求道德的產業裡任職的人，或是投資人也來自於同樣的道德源頭的人，就不用去妥協自己奉行的法則。不管在任何情況下，平衡對我們所有人來說都是需要有雄心才能達成的目標。失衡很容易，我們需要把保持平衡當成最重要的一件事。

聖本篤之道講到很多和現代領導有關的事。比方說，人生之道涉及要把相同的時間分配到祈禱、閱讀與工作這幾件事上。比例當然可以由個人決定，但這裡要講的重點是平衡。羅馬詩人奧維德（Ovid）說過：

休息一下；休養過後的田地，可以豐收作物。[14]

聖本篤是歐洲的守護聖人，也是西方文明之父。你要用一顆開放的心，來傾聽這套領導思維，這來自於西方的智慧之井深處。總括而言，當中萃取出來的智慧是生活必須靠滋養，成長不只要更繁榮富裕，也要更和平安詳，一般人的生活是如此，企業更是如此。

法蘭西斯・戴維斯（Francis Davis）是伯明罕大學（University of Birmingham）宗教、社群與公共政策學教授，也是愛德華吉伯利中心（Edward Cadbury Centre）的政策主任，他的工作綜合了企業、公民社會以及中央和地方政府幾個面向。「多數商學院財務課程模組的傳統是，把股東價值當成不容質疑且不可爭辯的信念來教，彷彿是神學院。」他說，「這並不是說我們應該把稅息折舊及攤銷前獲利、投資報酬率或股東權益報酬率等概念丟掉，而是說其他面向的價值概念也可以幫助領導者思考與養成習慣，並幫助他們找到適當的私募股權、客戶與合作對象來源。這些人有著共通的價值，可以創造出更高的長期報酬，而不只是解決一開始的財務困境。」[15]

性靈面不足

戴維斯說，講到領導上要接受性靈概念，會遭遇一些真正的問題：「講到性靈面，我們可能會奇怪地認為性靈聽起來很有宗教意味，然後假設我們必須去發明／尋找／購買很多資源，但其實我們可以在現有團隊中找到精神性靈、本能反應性和韌性。」他指出，這是因為人們覺得不安心、也沒有受到鼓勵去討論這個主題，或者探索性靈能為他們的工作或使命增添多少價值。

比方說，假設有一個金融界的領導者是很安靜低調的人，然而，他花掉很多晚上和週末時的閒暇時間，去指導孩子們打拳擊或踢足球，改變孩子們的人生。他必須挪出時間，深入尋找資源以鼓勵這些活動，扮演某些孩子的代理家長，甚至成為某些孩子的救命恩人。毫無疑問的，這會影響他在職場上的樣貌，以及他如何去鼓舞他的團隊成員。

同樣的，假設專案團隊裡有位女士不太愛冒險，但是她會去很高的地方自由攀岩，去最陡的陡坡滑雪。山裡海裡都包含了精神性靈面。跑步和在開放水域游泳都需要規劃、韌性，要密切注意特定元素，並過濾掉不必要的旁枝末節。

或者，公司裡的董事從來沒講過他們從心裡找到了哪些資源力量，才能面對吸毒三年的兒子和家裡的一團亂，或者年復一年照顧早發型失智症的伴侶，或者發現女兒罹癌後帶著她經常往返醫院做檢查。

戴維斯說，最大的危機不是我們可能把性靈層面帶進職場，現在已經有了，問題出在「由於宗教團體已經很不受信任，我們就因為他們的失敗而丟棄了更深遠的智慧。」

印度政府理解這一點，注意到正念（mindfulness）如今是一門很重要的出口產業。印度每一處高級公署／大使館或者聯合領事館，現在都設有專職人員負責正念與冥想，以體現相關的正面習慣，強化駐在國在這方面的認知度。

戴維斯說，多元性別（LGBTQ）運動確實讓我們好好去思考如何「把完整的真我帶入職場」，「但在很多地方還是排除了（前述）這些，實質的效果是大量排除了我們的真我、我們可以成為的樣子，以及我們同心協力可以做到的事與可以成為的樣子，需要不斷（重新）發明的領域尤其明顯。到最後，這些從我們的『待成』清單裡消失不見了。」

當然，組織裡很可能沒有這些東西。如果確實如此，那麼，你可能在一個流動的世界裡遇上了策略性的能力落差問題：性靈／韌性／本能反應性長期付之闕如，意味著你的團隊成員無法應付複雜性、無法在沒有階級之下從事管理，或者無法以可以源源不絕更新的能量領導，這些都是如今最需要的關鍵。

摘要

原本是解決方案、如今卻變成問題的教育系統，設計上便嚴重助長了領導問題。原因在於教育系統強調個人成就與評分，和學生畢業之後會遭遇的多數合作型職場環境相衝突。這套系統鼓動了自我中心，把智性上的能力與職場上的能力畫上等號。學生畢業之後，雇用他們的雇主常常會說他們缺乏職場上必備的基本技能，其中一項重點即是和多元群體共處合作的經驗。這裡講的不只是種族或族裔上的多元，而是年齡與文化上的多元。我們相信，人們普遍拒絕制度性宗教，引發了「嬰兒與洗澡水」（baby and bathwater）的問題，把好的壞的不分青紅皂白全部拋棄了。性靈平衡這項重要的訊息，仍對領導辯證造成持續且重要的影響。

這不是在呼籲讓更多制度性宗教回歸，但這反映了許多人感受到想要達成平衡的強烈渴望。宗教是達成平衡的方法之一，我們不應用懷疑的態度看待信奉宗教的動機。我們都有相同的需求，但每一個人有不同的因應之道。

平衡以及達成平衡是一項無窮無盡的挑戰，這一點引發了很多互相交疊議題，需要全方位去檢視。接下來我們就要來討論。

第9章

這種思維會把我們帶往何處

我們如何摘要平衡與零領導的好處？看起來應該是怎樣？有職責這種事嗎？職責和責任或愛是一樣的嗎？我們要如何應用到現在的工作方式上？這能讓我們知道自己具備多少策略性思考能力？能讓我們更成功嗎？

我們可以看到，有史以來，平衡都是一項議題。平衡很難達成，更難維持，這是一項無窮無盡的任務。這不代表追求平衡就不是領導時該懷有的企圖心。追求平衡是一種態度，在很多時候，領導會失敗就是因為少了平衡。

追求平衡，短期可能無法追求最高獲利，可能無法達成最高生產目標，可能無法讓人發揮出最大的能力，但，達成平衡的話，長期會比較耐久、比較可持續下去，效率也比較高。我們怎麼知道？因為平衡向來是很多宗教信仰的中心，就像在職場一樣。上一章講到的聖本篤之道，便闡述了這種更趨向平衡的取向。

我們如何知道未來會以平衡為導向？因為我們現在已經看到的是，新一代的人們期待並要求資本要有更好的作為。更好的作為可能不是資本想要追求的目標；資本投資要的，是達成最高效率、善用最多人力。但，我們別忘了，資本是我們的僕人，而不是我們的主人。除非我們能駕馭資本，不然資本會回過頭來駕馭我們。這代表我們的整體願景不能只有包含財務的部分。

我們別忘了，資本是我們的僕人，而不是我們的主人。

領導有權限，但權力在其他地方，通常來自於另一個群體的認可，可能是客戶、員工或者是選民。正因如此，社區活化成為很重要的認可元素；社區活化能導引出強烈的動機，任何商業組織都難以望其項背。我們就以美國女童軍（Girl Scouts of America）為例，美國女童軍組織提報的捐款金額很高，而且支持者付出大量的心力，常常比他們為了賺取財務報酬時更加努力。他們自願做出的貢獻，絕對是只靠強迫遠遠不能及的程度。歷史上也不乏各種明證。社區活化幫忙打造了石器時代的巨石陣，建造出了沙特爾主教座堂（Chartres Cathedral），[1]在短期內無償創造出維基百科（Wikipedia），速度還快過微軟花千百萬美元打造 Encarta。[2]

職責與責任

身在二十一世紀，要定義職責（duty）概念並不容易。如果感受到的都是義務（obligation），份量就變得很薄弱，也沒有過去普遍可見對社群意識的期待。職責仍是很重要的概念，表現在商業領導上就是信託責任（fiduciary duty）和實質審查（due diligence），也存在於法規遵循和更廣泛的道德議題上。這些是不見得會進入董事會裡討論的議題。如果董事會不談，那麼幾乎一定會出現在其他地方。

無論何處，每當你看到有人承擔起責任（responsibility），就看到了以善盡職責為形式表現出來的愛。這特別適用於家庭，照顧小孩或年老父母，都是出於愛的行動。每當你看到責任，也會看到領導，這始於愛。領導者正面積極且真確可靠，領導者會找到樂趣。川普或許能召來人馬，但領導者能讓群眾歡慶同賀。

領導的四個「H」僕人

責任就像權力一樣，最好要靠自己掙，而不是別人給。人們會感受到責任，責任追根究柢是愛。愛的重點是營造團結與全方位思考，這就是一般講的僕人式領導，我們可以再細分成四個「H」，這指的是領導要有謙遜（humble）、快樂（happy）、誠實（honest）與渴求（hungry）等特質。

◆謙遜

這表示領導者樂於不居功，也願意鼓勵、培養與訓練其他人，節制和無私是謙遜這種特質的核心。這種領導者最先想到的，會是他們服務的社群成員。

◆快樂

領導者的工作不是要讓別人開心；要不要快樂，是每一個人自己的選擇。有些去尋找快樂的人誤把快樂和歡愉混為一談，事實上，快樂代表的是知足。

◆誠實

這聽起來像是必備條件，但我們談過的領導失敗的案例中，領導者有沒有誠實地對待社群和對待自己，大部分時候都是一個問號。我們能訓練出誠實的人嗎？不行。但，我們可以訓練領導者體認到有偏差，並且避開他們可能會遭遇道德衝突的面向。

◆渴求

除非有需要捍衛的價值觀以及有需要實現的願景，不然的話，沒有必要成為領導者。目標不一定只有實質目標，也可以是發揮潛能與個人發展。

這樣的領導講的是長期，但現在領導者的平均任期是五年；[3] 這樣的領導講的是希望，就像政治一樣。有鑑於人們對於主流政黨的信心來到低點，如今組織的領導者必須能代表團隊成員的觀點。最後才開口的領導，才是照顧到所有層級的領導。領導階級不一定要技壓他人，但一定要比別人更受信任。領導的重點是要「成為什麼樣的人」，而不是「去做什麼事」。領導是一張「待成」清單，而不是「待辦」清單。領導是當下的愛。

需要具備想像力和創意

領導，要有想像力用不同的方式來看世界。在策略性層次，這種想像力的重要性和領域知識、經驗或技能至少不相上下。多數領導失敗的肇因都不是缺少知識和經驗，缺少想像力絕對才是元凶。比方說，如果你認為組織性犯罪和國家是同一件事，那麼，就會比較容易面對國家要流氓的威脅。

需要策略性思考

我們在第八章介紹過教育計分卡，從中可以看出右方欄那些特質被指為軟性技能並非意外。模型右手邊有很多特質都可以用一句話來總結，叫做「黏著力」（sticking power）。你在任何專業與管理查核表中都找不到這些特質，邁爾斯－布里格斯人格測試（Myers-Briggs test）裡沒有，馬斯頓人際取向性格測驗（DiSC score）裡也找不到，但我們可以用零模型評估來做。

我們可以用短期與長期兩個軸，這兩個軸可以和量化與質化思維（行動／目標模型）相交。參見圖 9.1。我們可以把同樣的方法套用到戰術與策略模型上。

◆短期

短期的定義是任何會影響損益的因素，是馬上會感覺到的東西。關於短期，有一個很奇特的現象是短期愈來愈短。為什麼短期思維愈來愈常見？那斯達克（Nasdaq）要求所有成分公司每九十天要提一次報告，每一份報告要隨附新聞稿並加上法說會，讓分析

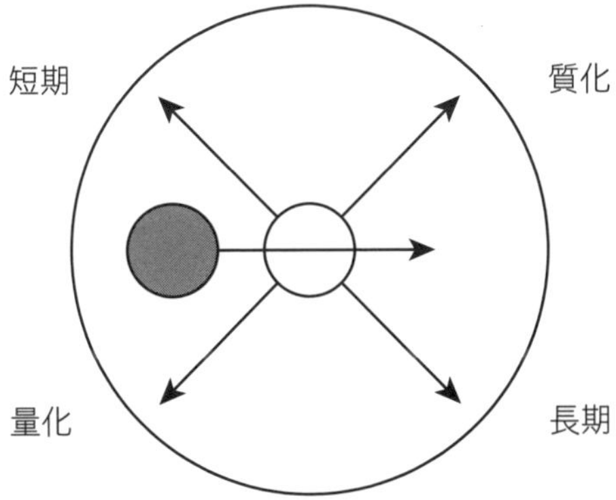

圖 9.1　戰術性模型與策略性模型

師可以針對績效對公司提問。為什麼會有長線投資人想看到這種情況？簡單的答案是：信任。投資人愈來愈擔心會不會虧錢（或是擔心能不能賺到最多），因此他們想要隨時隨地知道公司在做什麼。這種情況影響力超過任何其他因素，導致股市裡的公司鼓勵短期思維。短期沒有人會去注意研發或訓練費用是不是被削減，或者行銷成本被壓低了，公司可以用人為手法操縱獲利，讓數字看起來更高。

◆長期

長期通常和公司的資產負債表有關，保護的也是股東的長期利益。資產負債表英文叫「balance sheet」，帶著「balance」平衡一詞，公司的任何長期資產，都帶有所有權，一種貨幣資產一定要和另一種所有權的負債相平衡，這才叫權益，這是平衡項。公司的會計帳目，呼應了零平衡的概念：流動資產要等於流動負債，固定資產要等於固定負債。企業的長期帳目上有一項叫「商譽」，這是企業聲譽或品牌價值的無形價值。

◆量化

所有領導者都可選擇如何評量績效，他們可以用營收與費用這些冷冰冰的數字，也可以用比率表示的數字，例如企業中可以用來支應即時償債需求的現金比率，這叫「酸性測試比率」（acid test），健全企業的現金負債比絕對不可以低於一比一。我們可用獲利、每人營收、辦公室每平方英尺等等量化指標來衡量，也可以從縱剖面來衡量這些冷冰冰的數字，比方說把今年和去年拿來比較，這樣可以為我們提供更多和趨勢有關的數字。這些都是同樣有用的衡量績效方法。

◆質化

領導者也會使用一些比較軟性的指標，例如「察言觀色」的能力或是能注意到別人臉上的表情。好的領導者會到處走走，評估一下整體的氛圍。表現好時大家如何慶祝？團隊如何對待沒經驗的或是資淺的員工？有沒有團隊精神？遭遇問題或有額外工作要做時，團隊有何反應？這裡使用的指標，可以是離職面談（exit interview）時會用到的詞彙，可以是顧客對服務的批評指教或是申訴數字。經驗豐富的領導者常會去看環境是否乾淨整潔、人們有多尊重工作環境？安不安全？辦公室裡的家具用了多久、損壞情況如何？這些都是都可以考慮的質化指標因素。

各個象限

就跟之前講的一樣，當領導過於著重短期、量化，「療法」就是往對角的象限拉。

◆吝嗇刻薄區（左邊）

每一個人都明白在吝嗇刻薄領導風格下形塑出來的環境，可能是要人準時打卡上班的地方，可能是要輪班的倉儲環境，或是喝水休息時間有限制、病假和醫療保險等福利很有限的地方。通常勞動契約還訂的很有彈性。這些環境中通常士氣低落，在這裡工作的人多半都是低技術性、暫時性或是移民。有些可以賺到高薪、但工作時間很長且壓力很大的職場，也屬於這一類。這些地方的領導很可能是金錢取向，其他事情他們不太管，比方說員工的個人福祉。

◆政治作風區（右方）

放下短期數字、採用長期質化目標的作法很少見，但當你看到政治領導時就是。這種「感覺良好的領導」設計上很理想，但幾乎不可能發生。

◆緩解區（上方）

同樣的，在這裡，由於一時之間不知道應該怎麼做才能把事情做好，因此目標變成主要是要緩解，想方設法在下跌時盡量減少問題，基本上是一種牧羊人的作法。

◆長遠區（下方）

你會在這個象限看到長期堅守量化目標。這裡是策略性、可驗證變革發生的地方。只有所有人都承諾投身於長期變革時，才能實現。

我們也看到自私的短期主義在失敗－成功模型中的相關性（參見圖 9.2）。成功的領導幾乎永遠以團隊導向、長期思維為中心做好準備。換言之，**誰都可以短暫地成功一次，但真正的領導是要一直都能成功下去。**

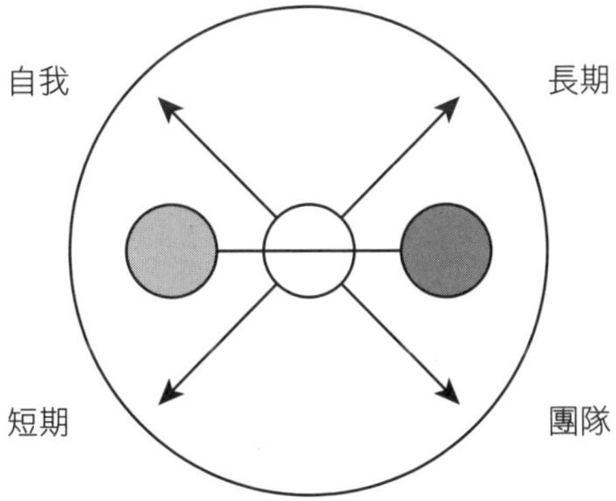

圖 9.2　成功－失敗模型

需要具備哪些元素才能領導？

你來到了這裡，這代表你具備了領導潛力。每個人都有，就連經驗非常豐富的領導者也一樣。領導的定義，是你要有能力重塑自己，以便學習與培養技能。

◆好奇心

好奇心是根基，沒有好奇心，領導就什麼也成就不了。理解他人還不夠，你必須理解自己。我們不僅是從最有經驗的領導者身上看到領導的真義，真正顯現出領導經驗的，是謙遜；你會忽然發現自己有好多事要學。這是一個開始。

◆自我（或者說消除自我）

如果你不是因為種種出於自我的理由才站上領導位置，這會有幫助。領導的重點從來不是擴大自我。氪星石（kryptonite）是超級英雄「超人」唯一的弱點，而自我就是團隊倫理的氪星石。領導者的重點是要把他人的利益放在心上。無論領導是要在專業上表現的更好還是要做對的事，反正重點都不在你身上。你會看到，領導者是盡力幫忙的人，因為領導的重點不在領導者身上，而是在整艘「船」上。如果擺上咖啡和貝果會有用，真正的領導者就會去做。有時候，領導者不去做他們認為旁枝末節的小事，但，請自問，如果你不做的話，廣大人群可不可能看到你的領導潛力？如果別人看到你親自跑到咖啡店買東西會感到很驚訝的話，那好，就做，話會傳出去。

◆能量

領導者如果沒有能量，就哪裡都去不了。能量有很多種形式，可以是心理的、情緒的、生理的或性靈的。能量的表達方式可以是焦躁不安，也可以是沒有耐性。每一個物理學家都知道能量不滅，只能改變形式。煞車可以讓車子慢下來，但煞車時會產生熱。最好的領導能量類型是能鼓舞、讚美、穩定人心與鼓舞他人的能量，因為釋放能量時接收的會是另一方。如果你是專注於「待辦」清單的 A 型商人型領導者，請注意，在領導面向上，你不能「做什麼」，你只能「成為什麼」。好的領導者可以感受與判讀當下的能量狀態。但現在很多領導者連自己手臂上足以引發心臟病的痛苦都感受不到，更侈言要有能力去識別其他人的感受了。多數組織裡都有人非常理解這種感受。有些人可以感受到別人與組織發生了什麼事，這有可能是領導者，但通常不是。

◆責任／職責／承諾

有些人總是會自願去做什麼，不然他們就覺得渾身不對勁，覺得自己讓別人失望了。你是這樣的人嗎？如果是，你就是天生的領導者，因為你感受到責任，你承擔了責任。每當人們承擔了責任，你就會看到領導。這些人有時候並沒有意識到自己在承擔責任，因為他們這麼做並不是為了求取任何好處，而是因為他們覺得自己就該這麼做，不然就會不舒服。

◆愛

在這個時候，你或許可以提出「蒂娜透納之問」（Tina Turner question）：與愛何關？愛會讓很多東西成長，愛讓給愛的人成長，愛讓得愛的人成長；過著沒有愛的生活，就像在黑、白、灰裡過日子，沒有鮮明的五彩繽紛；愛可以讓你的心搏加快，讓你的感覺更敏銳；愛能讓人滿足，愛並非可有可無；愛會伸出手，讓大家團結在一起；愛會看到更大的隔絕；愛不用思考，愛要感受；愛會發展、會滋養；愛可滅火，更可解渴；愛可以提供養分並帶來力量；愛會一致，愛會恆久；愛可以撐過悲傷，所有的宗教都以愛為基礎，偉大的領導也以愛為基石；愛，是要去愛同事；愛，是要去考量領導決策對他人造成的結果，而不只是愛自己；對生命的愛。科學理性模型損害了領導中的愛的模型，這一點必須要修正。去愛你所做的事是對的，這並不代表你失敗了或你是個「工作狂」；但重點是，這種愛要和其他的愛互相平衡。

擁有長期關係的人都明白，愛主要顯現在經常性表達善意與支持的小事上，以團隊來說，這表示要隨時做好準備去體認失衡，並去注意到有誰需要支持。領導者的任務並「不是」提供這樣的支持，而是創造出讓團隊成員可以互相支持的環境。

◆魔法

有能力創造魔法是重要的領導元素，這和愛密切相關，因為魔法會帶來能力，把現實變得有可塑性。如果用新的方法重構，再糾結的問題也可以迎刃而解。我們的意思並不是指領導者有能力把問題變不見，而是說相信魔法可以解決問題這個信念會很有用。當人們很享受自己的工作、團隊與角色時，就看到魔法了。魔法是一種可以激勵他人、鼓舞他人與改變認知的能力。這不是最聰明的人才擁有的天賦。領導者的任務，是要讓每個人都覺得自己是在場最聰

領導者的任務是創造出讓團隊成員可以互相支持的環境。

明的人。這是領導者的規範區。魔法是一種無形的特質，可以讓人安心、代表他人，並且可以寬恕與療癒。

但，如果我不想成為領導者，那又如何？

這也沒問題，但不管你喜不喜歡，在某個時候，領導就是會來敲你的門。在任何時候為了任何事挺身而出的人，便展現了領導。領導會出現在工作上，也會出現在你履行親職時、在你照料長輩時，在運動中、關係中與社區中。你無法逃避，因為領導隨時隨地會向你迎面而來，因此，你最好做最足準備。

不要把領導跟職銜混為一談。我們都知道，有職銜的人不見得是負責的人。有時候，領導來自沒有職銜、但真正很清楚到底發生什麼事的人，大家也都很清楚現實就是這樣。

我們都知道，自古以來，有些人是薩滿或巫醫，他們不領導、他們不審判、他們不仲裁，但是，當情況很棘手時，人們會信任由他們診斷問題、找到方法協調衝突，並為眾人達成最佳結果。每一個組織都有非正式的薩滿、「萬事通」人物、救火隊、點火者和社區營造者，領導者可以也應該更加善用這些安靜的個人貢獻者，創造出更好的成果。我們應該體認到，他們扮演的角色是告訴領導者應該要聽到什麼，而不是只說領導者想聽的話。另外有一些魔術師，則是可以帶出他人身上最出色特質的人。他們是現代的巫師，幫助領導者創造出更好的結果。

這些想法很容易被人斥為「軟性」，隱含著「硬性」的信念才是對的概念。但，冷硬、理性的領導者不斷失敗。魔法與愛的想法也常會被嗤之以鼻，但我們都知道，偉大的領導者本來就是能祭出有魔法咒語的人。現代的咒語還真的是咒語，也正因如此，耐吉（Nike）的「Just Do It」、蘋果的「不同凡想」（Think Different）和萊雅（L'Oréal）的「因為你值得」（You're Worth It）才這麼有魔力。如果我們穿越歷史，就會看到魔法是來自於語言文字。當領導者的文字、使命宣言和語言具有魅力時，他們會更成功。想想林肯（Lincoln）的「八十七年前的今天」（Four score and seven years ago today），想想甘迺迪（Kennedy）的「不要問國家為你做了什麼，要問你為國家做了什麼」（Ask not what your country can do for you, but what you can do for your country）。川普說「要讓美國再度偉大」（Make America Great Again），有人很愛，也有人痛恨。

有人會說自己是零領導的範例，但他很努力去做他說自己會做到的事。我們或許把他歸在另一種領導類型會更適合：他把局面往特定方向推，通常會犧牲特定人的權利。後人記憶中的川普會是好的領導者還是壞的領導者？我們能不能用最好的辦法判斷出來？我們能不能也衡量自己的表現？在歷史上這個當口，這是一個強而有力而且十分重要的問題。我們認為這個零領導的模型將會是一個很好用的指南針，幫忙導引我們走向更好的未來。

請讓我們花點時間提醒自己：這不是一場彩排。

領導是眾人之事，每個人都可以展現領導，每個人都可以承擔責任，領導者不能說「這不是我的責任」。成為更好的領導者，我們就可以學著選擇更好的領導者，因為我們知道要找尋哪些特質。

某種程度上，我們相信領導是娛樂消遣；並不是。我們把集體責任交託在領導者身上，並且把權力交給他們。承擔責任並不是無聊瑣碎的小事，你透過承擔責任成為領導者。真正的領導從來不是別人給的，是要靠自己掙的。我們所有人都要去確認，當領導者為我們承擔起責任時，他們心中所想的是要促成我們的長期利益。

你透過承擔責任成為領導者。真正的領導從來不是別人給的，是要靠自己掙的。

摘要

過去，領導者認為，人在像這樣的時刻是處於自己最好的狀態。我們一向靠自己，我們在黑暗中一直以來都靠自己，我們知道，前方等著我們的是最大的測試關卡。我們無法一夕之間改變現狀，第一步是要覺察現狀。

然而，在我們身邊的黑暗當中，出現了一些擾動，一些古老且經得起時間考驗的東西。我們看到，年輕人中已經出現了新一代的領導者，他們現代、務實、重科技，還有，對，他們很浪漫。現在有一種以我們心中的樂觀、信念與愛形成的新想法，相信很讓人興奮且極具歷史意義的事即將發生。

當然，你可以把這歸因於年輕人的天真。你可以說，等時間到了，他們也會和大家一樣憤世嫉俗。但，除了整體失衡的狀態之外，什麼叫憤世嫉俗？我們到處都可以看到，人們沒有能力體認到這個世界比過去更好、更富有、更快樂、更健康與更安全。

如果在遭遇領導問題的條件下，我們都還可以做到這樣，那，未來我們還有多麼不可限量的潛力？

要來到我們和領導者都能達成平衡的神奇之地，我們必須理解平衡的價值與特質、任何事都有可能的概念以及無限的未來正等著我們。這會讓我們用自豪取代羞愧，讓所有人能再度去談論自己擁有的力量。

結論

本書的目的是：

- 理解領導失敗的問題正在持續以及其成因何在。
- 讓領導者與團隊看到失衡的問題與後果。
- 向過去學習，體認到這是一個正在進行中的挑戰。
- 推動教育改革，以滿足協作與合作的需求。
- 理解到這個問題不能光靠分析思維來解決。
- 根據各種相交的標準達成以平衡為基礎的新領導模型。
- 領導者必須具備更高的敏捷度，以平衡各種互相衝突的優先事項之需求。
- 覺察到失衡體現在不公不義、浪費和無效率的現象上。
- 終結自信與能幹之間的相關性，兩者並不相同。
- 檢視評估領導表現的質化變數。

- 鼓勵使用最低成本、但運用最大量協作的資本模型。
- 擁抱道德、神聖、多元和性靈的領導發展。

致謝

莎拉・艾契森（Sarah Aitchison）、
莎拉・艾契森、還是莎拉・艾契森
海倫・阿德森（Helen Alderson）
羅芮・阿美斯（Lori Ames）
夏姿亞・阿敏（Shazia Amin）
辛克萊・比徹姆
賽門・比林頓（Simon Billington）
馬克・博科夫斯基
大衛・布朗教授（Professor David Brown）
查德靈頓勛爵

艾德蒙・金恩
海倫・柯根（Helen Kogan）
蓋瑞・克拉恩
傑佛瑞・賴爵士（Sir Geoffrey Leigh）
理察・李維克
喬・路易斯（Jo Lewis）
皮普・路易斯（Pip Lewis）
喬琪亞・路易斯（Georgia Lewis）
夏洛特・琳賽・庫爾特

娜迪亞・珍德（Nadia Chand）
維夫・闕區（Viv Church）
吉拉汀・柯拉德（Géraldine Collard）
卡利・庫柏爵士教授
艾麗森・考克
克里斯・寇德摩爾（Chris Cudmore）
法蘭西斯・戴維斯
彼得・德・哈恩
賈桂琳・德・蘿哈絲
艾瑪・卓勞德（Emma Draude）
烏曼格・多基（Umang Dokey）
諾亞・戴（Noah Dye）

安迪・馬汀努斯（Andy Martinus）
馬森勛爵（Lord Mawson）
梅根・馬奎爾（Megan Maguire）
國會議員佩妮・摩丹特閣下（Rt Hon Penny Mordant MP）
艾拉・米勒（Ella Miller）
南斯・奈爾（Lance Nail）
詹姆士・歐荷洛克（James Oehlcke）
魏斯・保羅（Wes Paul）
彼得・裴瑞拉・葛瑞
米倫科・普瓦茲基
凱利・瑞汀（Kelly Redding）
湯姆・薩維加

肯恩·福特（Ken Ford）
羅素·佛斯特閣下教授
史帝夫·福拉蓬頓
詹妮·哈瑞亞（Jaini Haria）
查琳·哈麗·拉蓬（Cherylyn Harley LeBon）
羅勃特·赫柏德
里奇蒙福爾摩斯勛爵
阿米爾·海珊
肯寧頓珍金女爵
約翰·保羅·舒特（John Paul Schutte）
安東尼·賽爾登爵士
埃利斯·泰勒（Ellis Taylor）
亞瑟·湯普森（Arthur Thompson）
比爾·桑希爾
肯尼思·托多羅夫
依芳·馮·波可霍芬（Yvonne van Bokhoven）
葛瑞格·威廉森
喬治·桑必立爵士

[9] Lewis, C (2016) *Too Fast to Think: How to reclaim your creativity in a hyper-connected work culture*, Kogan Page, London

[10] Frangos, C (2018) Making leadership last: how long-tenure CEOs stand their ground, *Forbes*, 3 December, https://www.forbes.com/sites/cassandrafrangos/2018/12/03/making-leadership-last-how-long-tenure-ceos-stand-their-ground/#67949bca132e (archived at https://perma.cc/C8CB-4PV5)

[11] Schmidt, E (2018) For the first time, 90 percent completed high school or more, United States Census Bureau, 31 July, https://www.census.gov/library/stories/2018/07/educational-attainment.html (archived at https://perma.cc/CUU8-T76Y)

[12] https://www.statista.com/statistics/184272/educational-attainment-of-college-diploma-or-higher-by-gender/ (archived at https://perma.cc/SFM2-Z9UM)

[13] Longenecker, D (2016) Benedict means business, *The Imaginative Conservative*, 25 September, https://theimaginativeconservative.org/2016/09/benedict-means-business-longenecker-timeless.html (archived at https://perma.cc/V6F8-9JNK)

[14] https://www.goodreads.com/quotes/183226-take-rest-a-field-that-has-rested-gives-a-beautiful (archived at https://perma.cc/3TMJ-DYHD)

[15] 接受作者訪談時所述。

第 9 章

[1] Ball, P (2009) *Universe of Stone: Chartres Cathedral and the triumph of the medieval mind*, Vintage Books, London

[2] Cohen, N (2009) Microsoft Encarta dies after long battle with Wikipedia, *New York Times*, 30 March, https://bits.blogs.nytimes.com/2009/03/30/microsoft-encarta-dies-after-long-battle-with-wikipedia/ (archived at https://perma.cc/SF7Y-WQN7)

[3] https://corpgov.law.harvard.edu/2018/02/12/ceo-tenure-rates/ (archived at https://perma.cc/6NPS-X925)

[6] Whitbourne, S K (2016) 4 ways to deal with insecure people: start by managing your own feelings, *Psychology Today*, 27 February, https://www.psychologytoday.com/gb/blog/fulfillment-any-age/201602/4-ways-deal-insecure-people (archived at https://perma.cc/9DGK-LX8S)

[7] Neate, R (2019) Hubris of a high flyer: how investors brought WeWork founder down to earth, *Guardian*, 28 September, https://www.theguardian.com/business/2019/sep/28/hubris-of-a-high-flyer-how-investors-brought-wework-founder-down-to-earth (archived at https://perma.cc/7JGX-T5U8)

第8章

[1] https://gmat.economist.com/gmat-advice/gmat-overview/gmat-scoring/how-gmat-scored (archived at https://perma.cc/JZ7L-VR8F)

[2] https://www.cdc.gov/healthyyouth/health_and_academics/pdf/DASHfactsheetSuicidal.pdf (archived at https://perma.cc/K7J7-HWPY)

[3] https://leighacademiestrust.org.uk/ (archived at https://perma.cc/L9UW-WERD)

[4] Garner, R (2015) Sir Anthony Seldon: historian says test obsession wrecks education, *Independent*, 19 December, https://www.independent.co.uk/news/education/education-news/sir-anthony-seldon-historian-says-test-obsession-wrecks-education-a6779891.html (archived at https://perma.cc/3W86-2ER8)

[5] Ferrier, M (2012) Gradgrind: my favourite Charles Dickens character, *Telegraph*, 13 February, https://www.telegraph.co.uk/culture/charles-dickens/9048771/Gradgrind-My-favourite-Charles-Dickens-character.html (archived at https://perma.cc/9G9Y-7QK4)

[6] George, R P (2019) Education 20/20: Robert P George's concluding statement, *YouTube*, 2 April [video] https://www.youtube.com/watch?v=7UfRLFTFDJ4 (archived at https://perma.cc/6M7M-JYK6)

[7] Isaacson, W (2008) *Einstein: His life and universe*, Simon & Schuster, London

[8] https://www.famousscientists.org/7-great-examples-of-scientific-discoveries-made-in-dreams/ (archived at https://perma.cc/3ZBD-GLWF)

[36] https://en.wikipedia.org/wiki/2010%E2%80%9311_Belgian_government_formation (archived at https://perma.cc/QC5H-JFF3)

[37] https://winstonchurchill.org/the-life-of-churchill/life/artist/painting-as-a-pastime/ (archived at https://perma.cc/B9DC-B3ZT)

[38] https://www.pocketmindfulness.com/no-leaders-please-charles-bukowski/ (archived at https://perma.cc/ASY4-M5QG)

[39] https://www.shmoop.com/quotes/fairy-tales-are-more-than-true.html (archived at https://perma.cc/77M2-KGTV)

[40] Cotton, B (2019) Meet Ayesha Ofori: the property entrepreneur out to raise up neglected communities, *Business Leader*, 18 July, https://www.businessleader.co.uk/meet-ayesha-ofori-the-property-entrepreneur-out-to-raise-up-neglected-communities/70934/ (archived at https://perma.cc/837B-9XLU)

第 7 章

[1] Chamorro-Premuzic, T (2019) *Why Do So Many Incompetent Men Become Leaders? (And How to Fix It)*, Harvard Business Review Press, Boston, MA

[2] Paul, K (2020) Trump tweets his way to a record on impeachment day, *Business Insider*, 23 January, https://www.theguardian.com/us-news/2020/jan/22/trump-impeachment-tweet-record (archived at https://perma.cc/4X88-YUYB)

[3] Bickart, B, Fournier, S and Nisenholtz, M (2017) What Trump understands about using social media to drive attention, *Harvard Business Review*, 1 March, https://hbr.org/2017/03/what-trump-understands-about-using-social-media-to-drive-attention (archived at https://perma.cc/F9KK-RD2H)

[4] HSE (nd) A safe place of work, Health and Safety Executive, https://www.hse.gov.uk/toolbox/workplace/facilities.htm (archived at https://perma.cc/2ERE-G2CU)

[5] Hartmans, A (2019) Silicon Valley's ultimate status symbol is the sneaker. Here are the rare, expensive, and goofy shoes worn by the top tech CEOs, *Business Insider*, 15 March, https://www.businessinsider.com/sneakers-worn-by-tech-execs-2017-5?r=US&IR=T (archived at https://perma.cc/V3QX-WXXV)

reshaping the economy, *GatesNotes*, 14 August, https://www.gatesnotes.com/Books/Capitalism-Without-Capital (archived at https://perma.cc/5SCW-YN49)

[26] McAfee, A (2019) *More from Less: The surprising story of how we learned to prosper using fewer resources – and what happens next,* Scribner, New York, NY

[27] Reday-Mulvey, G (1977) *The Potential for Substituting Manpower for Energy: Final report 30 July 1977 for the Commission of the European Communities*, Batelle, Geneva Research Centre

[28] http://www.product-life.org/en/major-publications/the-product-life-factor (archived at https://perma.cc/2ASQ-GA6E)

[29] https://www.sciencedirect.com/topics/agricultural-and-biological-sciences/cradle-to-grave (archived at https://perma.cc/A4AB-L37F)

[30] Hansen, K (2012) The Cradle to Cradle concept in detail, *YouTube*, 21 March [video] https://www.youtube.com/watch?v=HM20zk8WvoM&list=ULPhJ-YZwDAVo&index=124 (archived at https://perma.cc/GH4Z-RAP3)

[31] Herman, R, Ardekani, S A and Ausbel, J (1990) Dematerialization, *Technological Forecasting and Social Change*, 38, pp 333–47

[32] Foxley, W (2019) President Xi says China should 'seize opportunity' to adopt blockchain, *Coindesk*, 25 October, https://www.coindesk.com/president-xi-says-china-should-seize-opportunity-to-adopt-blockchain (archived at https://perma.cc/6K78-K49K)

[33] https://orpheusnyc.org/ (archived at https://perma.cc/CLP7-DGP5)

[34] Matyszczyk, C (2017) The new Church of the AI God is even creepier than I imagined, *CNET*, 16 November, https://www.cnet.com/news/the-new-church-of-ai-god-is-even-creepier-than-i-imagined/ (archived at https://perma.cc/GL7C-MWS4)

[35] Harris, M (2017) Inside the First Church of Artificial Intelligence: the engineer at the heart of the Uber/Waymo lawsuit is serious about his AI religion. Welcome to Anthony Levandowski's Way of the Future, *Wired*, 15 November, https://www.wired.com/story/anthony-levandowski-artificial-intelligence-religion/ (archived at https://perma.cc/XH2F-RGL9)

24 April, https://advocacy.sba.gov/2019/04/24/small-businesses-drive-job-growth-in-united-states-they-account-for-1-8-million-net-new-jobs-latest-data-show/ (archived at https://perma.cc/AYC9-WRUJ)

[14] https://twitter.com/alvinfoo/status/1210645555447128064?s=20 (archived at https://perma.cc/8CPV-6ZQ6)

[15] Mavadiya, M (2019) Why is Apple more trusted than Google? *Forbes*, 29 November 29, https://www.forbes.com/sites/madhvimavadiya/2019/11/29/why-is-apple-trusted-more-than-google/#556dde370878 (archived at https://perma.cc/SC6H-VUGS)

[16] Pinker, S (2012) *The Better Angels of Our Nature: A history of violence and humanity*, Penguin Books, London

[17] Diamandis, P H and Kotler, S (2012) *Abundance: The future is better than you think*, Free Press, New York, NY

[18] Rosling, H, Rosling, O and Rosling Rönnlund, A (2018) *Factfulness: Ten reasons we're wrong about the world – and why things are better than you think*, Flatiron Books, New York, NY

[19] https://www.econlib.org/library/Columns/LevyPeartdismal.html (archived at https://perma.cc/8NTC-ST4C)

[20] https://www.intel.com/content/www/us/en/silicon-innovations/moores-law-technology.html (archived at https://perma.cc/Z9GC-HP9H)

[21] Hoque, F (2012) Why most venture-backed companies fail, *Fast Company*, 10 December, https://www.fastcompany.com/3003827/why-most-venture-backed-companies-fail (archived at https://perma.cc/9Q7U-VYY9)

[22] Otar, C (2018) What percentage of small businesses fail – and how can you avoid being one of them? *Forbes*, 25 October, https://www.forbes.com/sites/forbesfinancecouncil/2018/10/25/what-percentage-of-small-businesses-fail-and-how-can-you-avoid-being-one-of-them/#6f04f48443b5 (archived at https://perma.cc/V2NV-8ZP5)

[23] https://www.umsl.edu/~sauterv/analysis/Fall2013Papers/Purcell/bucky.html (archived at https://perma.cc/LC7K-CKGD)

[24] Haskel, J and Westlake, S (2017) *Capitalism Without Capital: The rise of the intangible economy*, Princeton University Press, Princeton, NJ

[25] Gates, B (2018) Not enough people are paying attention to this economic trend: *Capitalism Without Capital* explains how things we can't touch are

[4] Li, Y (2019) Don't be fooled by the 'unicorn' hype this year, most IPOs lose money for investors after 5 years, *CNBC*, 3 April, https://www.cnbc.com/2019/04/03/dont-be-fooled-by-the-unicorn-hype-this-year-most-ipos-lose-money-for-investors-after-5-years.html (archived at https://perma.cc/7NYA-4WKS)

[5] The Daily (2019) The spectacular rise and fall of WeWork, *The Daily* (podcast), 18 November, https://www.nytimes.com/2019/11/18/podcasts/the-daily/wework-adam-neumann.html (archived at https://perma.cc/QY4J-DSWU)

[6] Widdicombe, L (2019) The rise and fall of WeWork: employees look back on a wild ride in Unicornland, *New Yorker*, 6 November, https://www.newyorker.com/culture/culture-desk/the-rise-and-fall-of-wework (archived at https://perma.cc/GJP7-RHXE)

[7] Chang, E (2018) *Brotopia: Breaking up the boys' club of Silicon Valley*, Portfolio, New York, NY

[8] Chang, E (2018) 'Oh my god, this is so f…ed up': inside Silicon Valley's secretive, orgiastic dark side, *Vanity Fair*, 2 January, https://www.vanityfair.com/news/2018/01/brotopia-silicon-valley-secretive-orgiastic-inner-sanctum (archived at https://perma.cc/8NFU-KGXG)

[9] Sieghart, M A (2019) How to fix the shocking, sexist collapse of female coders: today coding is dominated by men – but it hasn't always been this way, *Wired*,1 April, https://www.wired.co.uk/article/women-in-computer-programming (archived at https://perma.cc/XNJ9-3BN6)

[10] https://www.documentcloud.org/documents/3914586-Googles-Ideological-Echo-Chamber.html (archived at https://perma.cc/J6RX-5JL4)

[11] Dean, T (2017) The meeting that showed me the truth about VCs, *TechCrunch*, 1 June, https://techcrunch.com/2017/06/01/the-meeting-that-showed-me-the-truth-about-vcs/ (archived at https://perma.cc/ET9V-HN6Q)

[12] Williamson, S and Mirchandani, B (2019) What Beyond Meat and WeWork can teach us about the next decade of IPO investing, *CNBC*, 27 December, https://www.cnbc.com/2019/12/26/what-beyond-meat-wework-teach-us-about-ipos-of-next-decade.html (archived at https://perma.cc/4G63-DSBU)

[13] SBA (2019) Small businesses drive job growth in United States; they account for 1.8 million net new jobs, latest data show, Office of Advocacy,

[12] Orwell, G (2004) *Nineteen Eighty-Four*, new edn (Penguin Modern Classics), Penguin Books, London

[13] Poggioli, S (2014) Archaeologists unearth what may be oldest Roman temple, *NPR*, 29 January, https://www.npr.org/2014/01/29/267819402/archaeologists-unearth-what-may-be-oldest-roman-temple (archived at https://perma.cc/NC8F-2EYP)

[14] Jacobs, T (2017) The creativity of the wandering mind, *Pacific Standard*, 14 June, https://psmag.com/social-justice/the-creativity-of-the-wandering-mind-46242 (archived at https://perma.cc/3PDG-DWDL)

[15] Powell, A J (2018) Mind and spirit: hypnagogia and religious experience, *The Lancet*, 5 April, https://www.thelancet.com/journals/lanpsy/article/PIIS2215-0366(18)30138-X/fulltext (archived at https://perma.cc/28Y6-65HX)

[16] Descartes, R (2001) *Discourse on Method, Optics, Geometry, and Meteorology*, rev edn, tr P J Olscamp, Hackett Publishing Company, Indianapolis, IN

[17] Dowbiggin, I (1990) Alfred Maury and the politics of the unconscious in nineteenth-century France, *History of Psychiatry*, 1 (3), pp 255–87

第 6 章

[1] Business Wire (2019) Woman-owned businesses are growing 2x faster on average than all businesses nationwide, Business Wire, 23 September, https://www.businesswire.com/news/home/20190923005500/en/Woman-Owned-Businesses-Growing-2X-Faster-Average-Businesses (archived at https://perma.cc/9NZ2-2BEW)

[2] Hannon, K and Next Avenue (2018) Black women entrepreneurs: the good and not-so-good news, *Forbes*, 9 September, https://www.forbes.com/sites/nextavenue/2018/09/09/black-women-entrepreneurs-the-good-and-not-so-good-news/#322bd2a66ffe (archived at https://perma.cc/WA67-SMLP)

[3] Azevedo, M A (2019) Untapped opportunity: minority founders still being overlooked, *Crunchbase News*, 27 February, https://news.crunchbase.com/news/untapped-opportunity-minority-founders-still-being-overlooked/ (archived at https://perma.cc/FZ5A-PFND)

第 5 章

1 Pendry, J D (2001) *The Three Meter Zone: Common sense leadership for NCOs*, Presidio Press, Novato, CA

2 McLeod, S (2017) The Milgram Shock Experiment, *SimplyPsychology*, https://www.simplypsychology.org/milgram.html (archived at https://perma.cc/6PVN-5H8P)

3 Csikszentmihalyi, M (2002) *Flow: The psychology of happiness*, Rider, London

4 Sorrel, C (2016) The bicycle is still a scientific mystery: here's why, *Fast Company*, 1 August, https://www.fastcompany.com/3062239/the-bicycle-is-still-a-scientific-mystery-heres-why (archived at https://perma.cc/MD3L-2W3D)

5 Herbert, K (1997) *Peace-Weavers and Shield Maidens: Women in early English society*, Anglo-Saxon Books, Ely

6 Daley, J (2020) Sneering liberals' contempt for ordinary people is the real issue facing post-Brexit Britain, *Telegraph*, 1 February, https://www.telegraph.co.uk/politics/2020/02/01/sneering-liberals-contempt-ordinary-people-real-issue-facing/?utm_content=telegraph&utm_medium=Social&utm_campaign=Echobox&utm_source=Twitter#Echobox=1581770703 (archived at https://perma.cc/4Z6A-CAE3)

7 https://quotefancy.com/quote/1574822/Fred-Emery-Instead-of-constantly-adapting-to-change-why-not-change-to-be-adaptive (archived at https://perma.cc/5MK7-4BYJ)

8 https://quotes.thefamouspeople.com/oliver-wendell-holmes-jr-2480.php (archived at https://perma.cc/MPJ6-8BEF)

9 https://www.goodreads.com/author/quotes/22302.Frank_Zappa (archived at https://perma.cc/U422-6J78)

10 Stephenson, S (2017) The duality of balanced leadership, *Forbes*, 29 November, https://www.forbes.com/sites/scottstephenson/2017/11/29/the-duality-of-balanced-leadership/#44320dff262d (archived at https://perma.cc/UAY9-NNWC)

11 https://www.goodreads.com/quotes/122468-the-world-is-full-of-magic-things-patiently-waiting-for (archived at https://perma.cc/VT7E-ZDQM)

be-significantly-taller-than-the-average-male/articleshow/10178115.cms (archived at https://perma.cc/VC39-767T)

[5] Schmidt, E (2019) *Trillion Dollar Coach: The leadership handbook of Silicon Valley's Bill Campbell*, John Murray, London

[6] In conversation with Pippa Malmgren, Jonathan Rosenberg and Alan Eagle at the How To Academy on 13 May 2019.

[7] Bryant, J H (2009) *Love Leadership: The new way to lead in a fear-based world*, Jossey-Bass, San Francisco, CA

[8] MindTools (nd) 5 Whys: getting to the root of a problem quickly, MindTools, https://www.mindtools.com/pages/article/newTMC_5W.htm (archived at https://perma.cc/TMB9-E9KH)

[9] Lewis, C (2016) *Too Fast to Think: How to reclaim your creativity in a hyper-connected work culture*, Kogan Page, London

[10] Julian, K (2018) Why are young people having so little sex? *The Atlantic*, December, https://www.theatlantic.com/magazine/archive/2018/12/the-sex-recession/573949/ (archived at https://perma.cc/6F54-UAYP)

[11] Business Insider (2016) 16 percent of people met their spouse at work, Business Insider, 13 February, https://www.businessinsider.com/surprising-office-romance-statistics-2016-2?r=US&IR=T (archived at https://perma.cc/V3TB-3VNS)

[12] Thottam, I (nd) 10 online dating statistics you should know, eharmony, https://www.eharmony.com/online-dating-statistics/ (archived at https://perma.cc/AY2J-H227)

[13] Stone, J (2014) Understanding impatience, *Psychology Today*, 4 November, https://www.psychologytoday.com/gb/blog/clear-organized-and-motivated/201411/understanding-impatience (archived at https://perma.cc/8XLL-6HFE)

[14] ONS (2018) Population estimates by marital status and living arrangements, England and Wales: 2002 to 2017, Office for National Statistics, 27 July, https://www.ons.gov.uk/peoplepopulationandcommunity/populationandmigration/populationestimates/bulletins/populationestimatesbymaritalstatus andlivingarrangements/2002to2017 (archived at https://perma.cc/Z59S-ZY5H)

health-shots/2018/09/21/650015068/remembrance-for-walter-mischel-psychologist-who-devised-the-marshmallow-test (archived at https://perma.cc/RK2X-ZXLU)

11 Tangney, J (2004) High self-control predicts good adjustment, less pathology, better grades, and interpersonal success, April, http://citeseerx.ist.psu.edu/viewdoc/download?doi=10.1.1.613.6909&rep=rep1&type=pdf (archived at https://perma.cc/V7ES-9DDC)

12 Bates, K L (2011) Childhood self-control predicts health and wealth, 24 January, https://today.duke.edu/2011/01/selfcontrol.html (archived at https://perma.cc/AJJ5-XAMF)

13 Baumeister, R F and Tierney, J (2012) *Willpower: Why self-control is the secret to success*, Penguin Books, London

14 Dostoevsky, F (1997) *Winter Notes on Summer Impressions*, tr David Patterson, Northwestern University Press, Evanston, IL

15 https://www.yourhormones.info/hormones/ghrelin/ (archived at https://perma.cc/FBT3-C6B4)

16 NPR/TED (2015) Why do we need sleep? *NPR*, 17 April, http://www.npr.org/2015/04/17/399800134/why-do-we-need-sleep (archived at https://perma.cc/75SX-T4KH)

17 Muraven, M, Gagné, M and Rosman, H (2008) Helpful self-control: autonomy support, vitality, and depletion, *Journal of Experimental Social Psychology*, 44 (3), pp 573–85

第 4 章

1 我要感謝牛津大學拉塞爾・福斯特（Russell Foster）教授的這句話。

2 Pink, D H (2018) *Drive: The surprising truth about what motivates us*, Canongate Books, Edinburgh

3 https://www.angermanage.co.uk/anger-statistics/ (archived at https://perma.cc/6JKC-H2Y5)

4 Kaul, V (2011) The necktie syndrome: why CEOs tend to be significantly taller than the average male, *The Economic Times*, 30 September, https://economictimes.indiatimes.com/the-necktie-syndrome-why-ceos-tend-to-

[8] Chattopadhyay, A (2014) Logos mean more than you think, *Knowledge,* 1 August, https://iass-ais.org/dictionary-of-symbolism/ (archived at https://perma.cc/P3MN-G8BJ)

[9] Murray, G R (2011) Do we really prefer taller leaders? *Psychology Today*, 14 November, https://www.psychologytoday.com/us/blog/caveman-politics/201111/do-we-really-prefer-taller-leaders (archived at https://perma.cc/3T7Y-V7FU)

第 3 章

[1] Wood, G (2002) First chapter: *Edison's Eve* 25 August, https://www.nytimes.com/2002/08/25/books/chapters/edisons-eve.html (archived at https://perma.cc/CG7W-36WK)

[2] Seife, C (2000) *Zero: The biography of a dangerous idea*, Souvenir Press, London

[3] Goldsmith, S B (2011) *Principles of Health Care Management: Foundations for a changing health care system*, 2nd edn, Jones and Bartlett Publishers, Boston, MA

[4] Herzberg, F (2008) *One More Time: How do you motivate employees?* Harvard Business School Press, Boston, MA

[5] Senge, P M (2006) *The Fifth Discipline: The art & practice of the learning organization*, Doubleday, New York, NY

[6] McGregor, D (2006) *The Human Side of Enterprise*, annotated edn, McGraw-Hill, New York, NY

[7] https://www.glofox.com/blog/10-gym-membership-statistics-you-need-to-know/ (archived at https://perma.cc/LC98-AYJN)

[8] Dixon, M (nd) Soul Hypercycle and the wave of new fitness boutiques, *Toptal*, https://www.toptal.com/finance/equity-research-analysts/fitness-boutiques (archived at https://perma.cc/2TFQ-N3MP)

[9] Weir, K (2012) What you need to know about willpower: the psychological science of self-control, American Psychological Association, https://www.apa.org/helpcenter/willpower (archived at https://perma.cc/SB7U-FBQU)

[10] Carli, J (2018) Remembrance for Walter Mischel, psychologist who devised the marshmallow test, *NPR*, 21 September, https://www.npr.org/sections/

my-students-dont-know-how-to-have-a-conversation/360993/ (archived at https://perma.cc/QA6F-64MV)

71 http://www.quotationspage.com/quote/23675.html (archived at https://perma.cc/9DZT-SNPQ)

72 http://www.asc.ox.ac.uk/person/46 (archived at https://perma.cc/S8FT-A7SN)

73 Beard, A (2018) *Natural Born Learners: Our incredible capacity to learn and how we can harness it*, Weidenfeld & Nicolson, London

74 Pink, D H (2018) *Drive: The surprising truth about what motivates us*, Canongate Books, Edinburgh

75 Crawford, M (2010) *The Case for Working With Your Hands: Or why office work is bad for us and fixing things feels good*, Penguin Books, London

76 Goodhart, D (2017) *The Road to Somewhere: The populist revolt and the future of politics*, Hurst & Company, London

第 2 章

1 https://www.lexico.com/definition/magic (archived at https://perma.cc/K4A4-VAPF)

2 Obringer, L A (2006) How the Navy SEALs work, *HowStuffWorks.com*, 27 November, https://science.howstuffworks.com/navy-seal7.htm (archived at https://perma.cc/K6VQ-6LH2)

3 Greitens, E (2012) *The Heart and the Fist*, Mariner Books, Boston, MA

4 https://iass-ais.org/dictionary-of-symbolism/ (archived at https://perma.cc/P3MN-G8BJ)

5 http://umich.edu/~umfandsf/symbolismproject/symbolism.html/C/circle.html (archived at https://perma.cc/D4MX-4U6F)

6 Lima, M (2017) *The Book of Circles: Visualizing spheres of knowledge*, Princeton Architectural Press, New York, NY

7 Sneed, A (2016) Why the shape of a company's logo matters, *Fast Company*, 1 February, https://www.fastcompany.com/3056130/why-the-shape-of-a-companys-logo-matters (archived at https://perma.cc/4MFH-2WXY)

style/article/rsc-bp-ends-gbr-scli-intl/index.html (archived at https://perma.cc/8XCM-LJLZ)

[59] Templafy (2017) How many emails are sent every day? Top email statistics for business, *Templafy*, September, https://info.templafy.com/blog/how-many-emails-are-sent-every-day-top-email-statistics-your-business-needs-to-know (archived at https://perma.cc/UM6K-L853)

[60] Sorokin, S (2019) Thriving in a world of 'knowledge half-life', *CIO*, 5 April, https://www.cio.com/article/3387637/thriving-in-a-world-of-knowledge-half-life.html (archived at https://perma.cc/C9GN-85NK)

[61] https://www.reddit.com/r/singularity/comments/8ksckm/any_recent_estimates_for_where_we_are_on_the/ (archived at https://perma.cc/FN5C-2JC6)

[62] McLuhan, M (2011) *The Gutenberg Galaxy*, updated edn, University of Toronto Press, Toronto

[63] Quinn, J (2008) Greenspan admits mistakes in 'once in a century credit tsunami', *Telegraph*, 23 October, https://www.telegraph.co.uk/finance/financialcrisis/3248774/Greenspan-admits-mistakes-in-once-in-a-century-credit-tsunami.html (archived at https://perma.cc/JBW3-EWTG)

[64] https://www.imdb.com/title/tt1596363/ (archived at https://perma.cc/PNZ2-WLMB)

[65] https://quoteinvestigator.com/2017/11/30/salary/ (archived at https://perma.cc/E2A8-ZAVA)

[66] De Tocqueville, A (2013) *Democracy in America and Two Essays on America*, Penguin Classics, London

[67] Gladwell, M (2009) *Outliers: The story of success*, Penguin, London

[68] Chamorro-Premuzic, T (2013) Why do so many incompetent men become leaders? *Harvard Business Review*, 22 August, https://www.5050foundation.edu.au/assets/reports/documents/Why-Do-So-Many-Incompetent-Men-Become-Leaders.pdf (archived at https://perma.cc/6PG2-KQCX)

[69] Beard, A (2018) *Natural Born Learners: Our incredible capacity to learn and how we can harness it*, Weidenfeld & Nicolson, London

[70] Barnwell, P (2014) My students don't know how to have a conversation, *The Atlantic*, 22 April, https://www.theatlantic.com/education/archive/2014/04/

[44] Ahamed, L (2009) *Lords of Finance: The bankers who broke the world*, Penguin, New York, NY

[45] McLean, B and Nocera, J (2011) *All the Devils Are Here: The hidden history of the financial crisis*, Portfolio/Penguin, New York, NY

[46] Roubini, N and Mihm, S (2011) *Crisis Economics: A crash course in the future of finance*, Penguin, New York, NY

[47] Foroohar, R (2017) *Makers and Takers: How Wall Street destroyed Main Street*, Crown Business, New York, NY

[48] Lowenstein, R (2011) *The End of Wall Street*, Penguin, New York, NY

[49] Farrell, G (2010) *Crash of the Titans: Greed, hubris, the fall of Merrill Lynch, and the near-collapse of Bank of America*, Crown Business, New York, NY

[50] https://www.imdb.com/title/tt1596363/ (archived at https://perma.cc/PNZ2-WLMB)

[51] https://www.imdb.com/title/tt5865326/ (archived at https://perma.cc/QZ3Y-F2W6)

[52] https://quoteinvestigator.com/2010/12/04/good-men-do/ (archived at https://perma.cc/UA22-Q6CB)

[53] Kübler-Ross, E, Kessler, D and Shriver, M (2014) *On Grief and Grieving: Finding the meaning of grief through the five stages of loss*, Scribner, New York, NY

[54] Eatwell, R and Goodwin, M (2018) *National Populism: The revolt against liberal democracy*, Pelican, London

[55] Reeves, J A (2011) *The Road to Somewhere: An American memoir*, W W Norton & Company, New York, NY

[56] Doherty, C (2017) Key takeaways on Americans' growing partisan divide over political values, Pew Research Center, 5 October, https://www.pewresearch.org/fact-tank/2017/10/05/takeaways-on-americans-growing-partisan-divide-over-political-values/ (archived at https://perma.cc/V97H-PTXQ)

[57] https://www.goodreads.com/quotes/63219-the-children-now-love-luxury-they-have-bad-manners-contempt (archived at https://perma.cc/83F7-S5EQ)

[58] Kolirin, L (2019) Royal Shakespeare Company cuts ties with BP after school students threaten boycott, *CNN*, 2 October, https://www.cnn.com/

[31] https://www.urbandictionary.com/define.php?term=Recreational%20 Outrage (archived at https://perma.cc/ZJ8E-7WUK)

[32] https://www.urbandictionary.com/define.php?term=Virtue%20Signalling (archived at https://perma.cc/4XR2-AB39)

[33] RCN (2018) Violence and aggression in the NHS: estimating the size and the impact of the problem, Royal College of Nursing, https://www.rcn.org.uk/professional-development/publications/pub-007301 (archived at https://perma.cc/HJ8E-U4C4)

[34] Adams, R (2019) One in four teachers 'experience violence from pupils every week', *Guardian*, 20 April, https://www.theguardian.com/education/2019/apr/20/one-in-four-teachers-experience-violence-from-pupils-every-week (archived at https://perma.cc/ZE87-SYES)

[35] https://www.angermanage.co.uk/anger-statistics/ (archived at https://perma.cc/6JKC-H2Y5)

[36] IATA (2016) Collaboration needed to stem unruly passenger incidents, International Air Transport Association, 28 September, http://www.iata.org/pressroom/pr/Pages/2016-09-28-01.aspx (archived at https://perma.cc/Y5XJ-BVWC)

[37] https://www.angermanage.co.uk/anger-statistics/ (archived at https://perma.cc/6JKC-H2Y5)

[38] https://www.angermanage.co.uk/anger-statistics/ (archived at https://perma.cc/6JKC-H2Y5)

[39] Gallup (2019) Gallup Global Emotions Report, https://www.gallup.com/analytics/248906/gallup-global-emotions-report-2019.aspx (archived at https://perma.cc/E9Q2-AZ4R)

[40] https://en.wikipedia.org/wiki/The_Lehman_Trilogy (archived at https://perma.cc/2B8T-CV77)

[41] https://en.wikipedia.org/wiki/Enron_(play) (archived at https://perma.cc/3B3G-HZMQ)

[42] Sorkin, A R (2010) *Too Big to Fail: The inside story of how Wall Street and Washington fought to save the financial system – and themselves*, Penguin, New York, NY

[43] Tooze, A (2019) *Crashed: How a decade of financial crises changed the world*, Penguin, New York, NY

economy-2020-un-trade-economics-pandemic/ (archived at https://perma.cc/ML36-AK36)

[23] Le Fort, B (2018) The financial crisis cost the US economy $22 trillion, *Impact Economics*, 4 October, https://medium.com/impact-economics/the-financial-crisis-cost-the-u-s-economy-22-trillion-440b6d9b6313 (archived at https://perma.cc/M3AT-JGSH)

[24] FRBSF (2018) The financial crisis at 10: will we ever recover? Federal Reserve Bank of San Francisco, Economic Letter, 13 August, https://www.frbsf.org/economic-research/publications/economic-letter/2018/august/financial-crisis-at-10-years-will-we-ever-recover/ (archived at https://perma.cc/F9SW-E6V7)

[25] GAO (2013) Financial regulatory reform: financial crisis losses and potential impacts of the Dodd–Frank Act, United States Government Accountability Office, January, https://www.gao.gov/assets/660/651322.pdf (archived at https://perma.cc/TMH5-Y4S7)

[26] Chappell, B (2019) US national debt hits record $22 trillion, *NPR*, 13 February, https://www.npr.org/2019/02/13/694199256/u-s-national-debt-hits-22-trillion-a-new-record-thats-predicted-to-fall (archived at https://perma.cc/7QJM-5T22)

[27] https://en.wikipedia.org/wiki/United_States_federal_budget#/media/File:2018_Federal_Budget_Infographic.png (archived at https://perma.cc/JJJ5-7WGQ)

[28] https://en.wikipedia.org/wiki/Budget_of_the_United_Kingdom (archived at https://perma.cc/X6SR-BLNM)

[29] Curtin, M (2020) 94 percent of Millennials say this is their no 1 life goal (it's not career or love), *Inc*, 25 January, https://www.inc.com/melanie-curtin/94-percent-of-millennials-say-this-is-their-no-1-life-goal-its-not-career-or-love.html (archived at https://perma.cc/Z58F-KKQQ)

[30] Hughes, A and Van Kessel, P (2018) 'Anger' topped 'love' when Facebook users reacted to lawmakers' posts after 2016 election, Pew Research Center, 18 July, https://www.pewresearch.org/fact-tank/2018/07/18/anger-topped-love-facebook-after-2016-election/ (archived at https://perma.cc/HL46-9B9H)

[14] Greenslade, R (2014) Newsnight's McAlpine scandal – 13 days that brought down the BBC's chief, *Guardian*, 19 February, https://www.theguardian.com/media/greenslade/2014/feb/19/newsnight-lord-mcalpine (archived at https://perma.cc/7SXE-73T5)

[15] Watson, L, Ward, V and Foster, P (2016) 'Atmosphere of fear' at BBC allowed Jimmy Savile to commit sex crimes, report finds, *Telegraph*, 25 February, https://www.telegraph.co.uk/news/uknews/crime/jimmy-savile/12172773/Jimmy-Savile-sex-abuse-report-to-be-published-live.html (archived at https://perma.cc/9WKW-VBNV)

[16] BBC (2018) Russia doping: country still suspended by IAAF and could face permanent ban, BBC Sport, 6 March, http://www.bbc.co.uk/sport/athletics/43301116 (archived at https://perma.cc/C3AH-5XVT)

[17] Campbell, D (2013) Mid Staffs hospital scandal: the essential guide, *Guardian*, 6 February, https://www.theguardian.com/society/2013/feb/06/mid-staffs-hospital-scandal-guide (archived at https://perma.cc/6XJZ-B6JT)

[18] Busby, M (2018) How many of Donald Trump's advisers have been convicted? *Guardian*, 14 September, https://www.theguardian.com/us-news/2018/aug/22/how-many-of-trumps-close-advisers-have-been-convicted-and-who-are-they (archived at https://perma.cc/34VY-7P2M)

[19] Scharfenberg, D (2018) Trillions of dollars have sloshed into offshore tax havens. Here's how to get it back, *Boston Globe*, 20 January, https://www.bostonglobe.com/ideas/2018/01/20/trillions-dollars-have-sloshed-into-offshore-tax-havens-here-how-get-back/2wQAzH5DGRw0mFH0YPqKZJ/story.html (archived at https://perma.cc/JT33-R4AA)

[20] Desjardins, J (2018) The $80 trillion world economy in one chart, *Visual Capitalist*, 10 October, https://www.visualcapitalist.com/80-trillion-world-economy-one-chart/ (archived at https://perma.cc/P34K-2G97)

[21] Lahart, J (2009) Mr Rajan was unpopular (but prescient) at Greenspan party, *New York Times*, 2 January, https://www.wsj.com/articles/SB1230861541149 48151 (archived at https://perma.cc/2562-W7VG)

[22] United Nations (2020) This is how much the coronavirus will cost the world's economy, according to the UN, *World Economic Forum*, 17 March, https://www.weforum.org/agenda/2020/03/coronavirus-covid-19-cost-

rate-rigging-idUSKBN0NE12U20150423 (archived at https://perma.cc/AH75-EYUR)

5 Rushe, D (2012) HSBC 'sorry' for aiding Mexican drugs lords, rogue states and terrorists, *Guardian*, 17 July, https://www.theguardian.com/business/2012/jul/17/hsbc-executive-resigns-senate (archived at https://perma.cc/29Q9-2MPD)

6 Rapoza, K (2017) Tax haven cash rising, now equal to at least 10% of world GDP, *Forbes*, 15 September, https://www.forbes.com/sites/kenrapoza/2017/09/15/tax-haven-cash-rising-now-equal-to-at-least-10-of-world-gdp/#572b443f70d6 (archived at https://perma.cc/E8EX-LGY4)

7 Treanor, J (2016) RBS facing £400m bill to compensate small business customers, *Guardian*, 8 November, https://www.theguardian.com/business/2016/nov/08/rbs-facing-400m-bill-to-compensate-small-business-customers (archived at https://perma.cc/8A3C-NQKB)

8 Cumbo, J (2017) MPs raise concerns over 'brewing pensions scandal', *Financial Times,* 27 October, https://www.ft.com/content/87f72e9e-bafb-11e7-9bfb-4a9c83ffa852 (archived at https://perma.cc/K95N-43KU)

9 Mathiason, N (2008) Three weeks that changed the world, *Guardian*, 28 December, https://www.theguardian.com/business/2008/dec/28/markets-credit-crunch-banking-2008 (archived at https://perma.cc/Q2EY-WD9E)

10 Yang, S (2014) 5 years ago Bernie Madoff was sentenced to 150 years in prison – here's how his scheme worked, *Business Insider*, 1 July, http://www.businessinsider.com/how-bernie-madoffs-ponzi-scheme-worked-2014-7 (archived at https://perma.cc/X5NP-K6KW)

11 Park, M (2017) Timeline: a look at the Catholic Church's sex abuse scandals, *CNN*, 29 June, https://www.cnn.com/2017/06/29/world/timeline-catholic-church-sexual-abuse-scandals/index.html (archived at https://perma.cc/8G8N-S9T2)

12 BBC (2018) Oxfam Haiti scandal: thousands cancel donations to charity, BBC News, 20 February, http://www.bbc.co.uk/news/uk-43121833 (archived at https://perma.cc/KTL8-B7ZX)

13 BBC (2020) Harvey Weinstein timeline: how the scandal unfolded, BBC News, 29 May, http://www.bbc.co.uk/news/entertainment-arts-41594672 (archived at https://perma.cc/Q2UF-WEHN)

註解

前言

1 https://www.poetryfoundation.org/poems/51642/invictus (archived at https://perma.cc/YY2X-7GLB)

2 Korczynski, M (2002) *Human Resource Management in Service Work*, 2001 edn, Palgrave, Basingstoke

3 ONS (nd) Services sector, UK: 2008 to 2018, Office for National Statistics, https://www.ons.gov.uk/economy/economicoutputandproductivity/output/articles/servicessectoruk/2008to2018 (archived at https://perma.cc/Y77V-RG6G)

4 OECD (2000) The Public Employment Service in the United States, Organisation for Economic Co-operation and Development, http://www.oecd.org/employment/emp/36867947.pdf (archived at https://perma.cc/392K-4669)

第 1 章

1 Strategy& (nd) 2018 CEO Success Study, PwC, https://www.strategyand.pwc.com/gx/en/insights/ceo-success.html (archived at https://perma.cc/HVR9-K6EC)

2 Pressman, A (2017) How Apple uses the Channel Island of Jersey in tax strategy, *Fortune*, 6 November, http://fortune.com/2017/11/06/apple-tax-avoidance-jersey/ (archived at https://perma.cc/LXL9-QZWW)

3 Carrington, D (2015) Four more carmakers join diesel emissions row, *Guardian*, 9 October, https://www.theguardian.com/environment/2015/oct/09/mercedes-honda-mazda-mitsubishi-diesel-emissions-row (archived at https://perma.cc/B9WJ-GER9)

4 Ridley, K and Freifeld, K (2015) Deutsche Bank fined record $2.5 billion over rate rigging, *Reuters*, 23 April, https://www.reuters.com/article/us-deutschebank-libor-settlement/deutsche-bank-fined-record-2-5-billion-over-

掌握產業脈動的十倍投資法

自葛拉漢以來，價值投資已經發展的非常成熟。價值投資的核心觀念，是透過收集產業、企業的各種資訊，對公司當下的價值及未來的經營做出長期判斷。價值投資需要資料蒐集與分析的能力，更需要觀察與預測的能力，這些能力不僅能幫助你在投資上獲得收益，同時也能幫助你掌握各種資訊的邏輯與脈絡。

科技股的價值投資法

3 面向、6 指標，全面評估企業獲利能力，
跟巴菲特一起買進科技股

—— 亞當・席塞爾

過去的價值投資者往往避開科技股，始終覺得科技股太貴，然而這個想法應該要打破！數位相關產業也與其他行業一樣，其實遵循著一定的規則，利用新型態的價值投資概念，在世界態勢巨變的時代，跟上科技股的浪潮。

十倍股 1000% 獲利聖經

學會四大挑股法則、掌握正確買賣時機，
在七大產業中找到自己的十倍股！

—— 姜炳昱

十倍股即股價能成長十倍的股票。本書旨在發掘十倍股，從基礎投資原則到實際操作步驟，培養自己觀察與分析產業趨勢的能力，在潛力產業搶先布局，找到專屬於自己的十倍股。

國家圖書館出版品預行編目 (CIP) 資料

一流管理者的圓心領導學：從領導特質的平衡點出發，迅速解決問題、建立靈活策略、極大化團隊戰力 / 克里斯 · 路易斯（Chris Lewis）、琵琶 · 瑪格倫（Pippa Malmgren）著 . -- 初版 . -- 臺北市：商周出版：英屬蓋曼群島商家庭傳媒股份有限公司城邦分公司發行，民 113.5 面； 公分
譯自：Infinite Leader

ISBN 978-626-390-128-5（平裝）

1. CST：領導者 2. CST：組織傳播 3. CST：策略管理

494.2 113005292

莫若以明　BA8045

一流管理者的圓心領導學

從領導特質的平衡點出發，迅速解決問題、建立靈活策略、極大化團隊戰力

原文書名／The Infinite Leader
作　　者／克里斯・路易斯（Chris Lewis）、琵琶・瑪格倫（Pippa Malmgren）
譯　　者／吳書榆
責任編輯／陳冠豪
版　　權／吳亭儀、林易萱、江欣瑜、顏慧儀
行銷業務／周佑潔、林秀津、林詩富、賴正祐、吳藝佳

總　編　輯／陳美靜
總　經　理／彭之琬
事業群總經理／黃淑貞
發　行　人／何飛鵬
法律顧問／台英國際商務法律事務所
出　　版／商周出版　台北市南港區昆陽街16號4樓
電話：(02)2500-7008　傳真：(02)2500-7759
E-mail：bwp.service@cite.com.tw
發　　行／英屬蓋曼群島商家庭傳媒股份有限公司　城邦分公司
台北市南港區昆陽街16號8樓
電話：(02)2500-0888　傳真：(02)2500-1938
讀者服務專線：0800-020-299　24小時傳真服務：(02)2517-0999
讀者服務信箱：service@readingclub.com.tw
劃撥帳號：19833503
戶名：英屬蓋曼群島商家庭傳媒股份有限公司城邦分公司
香港發行所／城邦(香港)出版集團有限公司
香港九龍九龍城土瓜灣道86號順聯工業大廈6樓A室
電話：(825)2508-6231　傳真：(852)2578-9337
E-mail：hkcite@biznetvigator.com
馬新發行所／城邦（馬新）出版集團
Citée (M) Sdn Bhd
41, Jalan Radin Anum, Bandar Baru Sri Petaling,
57000 Kuala Lumpur, Malaysia.
電話：(603)9056-3833　傳真：(603)9057-6622　email: services@cite.my

封面設計／兒日設計　內文排版／李信慧
印　　刷／鴻霖印刷傳媒股份有限公司
經　銷　商／聯合發行股份有限公司　電話：(02)2917-8022　傳真：(02) 2911-0053
地址：新北市231新店區寶橋路235巷6弄6號2樓

2024年（民113年）5月初版

城邦讀書花園
www.cite.com.tw

定價／470元（平裝）　320元（EPUB）
ISBN：978-626-390-128-5（平裝）
ISBN：978-626-390-134-6（EPUB）